"十四五"职业教育规划教材·物流专业

仓储装卸搬运设备操作

主　编　陈世辉　梁振新

副主编　卢秋杏　冼　诗　石丽娜

参　编　黄兰梦　任宇翔　程　聪

陶丹丹　周梦文

吉林大学出版社

·长春·

图书在版编目（CIP）数据

仓储装卸搬运设备操作 / 陈世辉，梁振新主编. --
长春 : 吉林大学出版社，2021.8
ISBN 978-7-5692-8731-8

Ⅰ. ①仓… Ⅱ. ①陈… ②梁… Ⅲ. ①叉车－操作－
中等专业学校－教材 Ⅳ. ①TH242

中国版本图书馆CIP数据核字(2021)第177749号

书　　名　仓储装卸搬运设备操作
　　　　　CANGCHU ZHUANGXIE BANYUN SHEBEI CAOZUO

作　　者　陈世辉 梁振新 主编
策划编辑　王蕾
责任编辑　王蕾
责任校对　刘佳
装帧设计　胡广兴
出版发行　吉林大学出版社
社　　址　长春市人民大街4059号
邮政编码　130021
发行电话　0431-89580028/29/21
网　　址　http://www.jlup.com.cn
电子邮箱　jdcbs@jlu.edu.cn
印　　刷　北京荣玉印刷有限公司
开　　本　787mm×1092mm　1/16
印　　张　11.5
字　　数　240千字
版　　次　2021年8月　第1版
印　　次　2021年8月　第1次
书　　号　ISBN 978-7-5692-8731-8
定　　价　49.80元

前　言

随着《国家职业教育改革实施方案（职教20条）》的落实及实施，以及《职业教育提质培优行动计划（2020—2023年）》的制订和推行，对实施职业教育“三教”改革攻坚行动计划在国家和省级规划教材不能满足的情况下，职业学校要加强职业教育教材建设，编写反映学校自身特色的校本专业教材，完善职业教育教材规划、编写，注重吸收行业发展的新知识、新技术、新工艺、新方法、校企合作开发等内容，根据中职学校学生特点，推行科学严谨、深入浅出、图文并茂、形式多样的新型活页式、工作手册式教材。

近年来我国电子商务交易规模快速增长，推动物流服务产业突飞猛进地发展，市场对物流人才的需求与日俱增，物流专业人才已被列为12类紧缺人才之一。技工院校和中职院校学校毕业生是物流人才的主要来源之一。企业对物流人才综合能力的要求主要是专业的实操技术技能，良好的沟通、团队合作和把握全局的能力，因此学校需要从企业需求出发，培养具有精湛物流实操的技能人才，同时提高人才培养质量，满足当前社会物流人才短缺的情况。

编者所在学校现代物流实训基地作为2018年国家级高技能人才实训基地，以学生综合职业能力为培养目标，以物流各岗位工作任务为学习载体，按照工作过程和学习者自主学习要求设计和安排教学活动，设置企业真实工作情景开展实践教学，以实现理论教学和实践教学融通合一，专业学习和工作实践学做合一，能力培养和工作岗位对接合一。

本书适合作为职业院校物流管理等相关专业的教材，也可作为物流领域相关企业工程技术人员的培训教材和参考工具书。

在本教材编制过程中，编者以仓储装卸搬运工作任务为学习载体，以企业岗位规范为标准，采用“活页式”教材形式，避免篇幅冗长给学生带来的枯燥乏味。本教材区别于以往的纯理论教材，加入了企业真实工作任务，让学生在学习过程中将专业知识应用到实际工作中，每个工作任务都设置了评价环节，方便学生进行自我检测以及反思。

本书在编写的过程中，学习、参考了一些专家、学者的观点，在此一并表示感谢。由于编者水平有限，如教材中出现错漏和不足之处，恳请广大读者批评指正！

编　者

2021年3月

目　录

学习任务一

职业感知与安全操作

学习目标

1．学生应能描述仓储装卸搬运工的职业特征。
2．学生应能顺利完成与领导、客户的基本沟通。
3．学生应能正确认识叉车的安全操作规范
4．学生应能牢记叉车学员安全操作注意事项。
5．学生应能熟记实训场地的管理。
5．学生应能在实训中尽量避免危险情况的发生。
6．学生应能正确实施急救。
7．学生应能以小组形式总结学习成果并进行汇报展示。
8．学生应能完成对学习过程的综合评价。

建议课时：12 课时

工作情景描述

装卸搬运工在实际工作中经常使用到一些仓储装卸搬运设备，应用这些装卸搬运设备实现了工作效率的大幅提升，但也具有一定的危险性。因此，在学习如何操作这些设备之前，要先了解仓储装卸搬运工的主要工作内容，掌握在实际工作中必须具备的安全操作知识。

工作流程与活动

1．职业感知。
2．安全操作。
3．危险处理。
4．评价反馈。

学习活动 1　职业感知

1．学生应能描述仓储装卸搬运工的职业特征。
2．学生应能顺利完成与领导、客户的基本沟通。

建议课时：4 课时

一、观察图片中仓储装卸搬运工工作内容，小组讨论回答问题

1．认真观察下列图片（见图 1-1～1-4），结合生活中看到过的相关工作现场，讨论以下问题。

（1）你印象中的仓储装卸搬运工的工作是什么样的？

（2）图片中的仓储装卸搬运工在进行什么工作？

（3）在生活中，是否有亲友从事仓储装卸搬运工作的，或者参观过仓储装卸搬运工工作现场的？他们主要负责什么工作？工作环境是怎么样的？

图 1-1　叉车半坡起步

图 1-2　前移式叉车的行驶

图 1-3　叉车的上架作业

图 1-4　手动搬运车出库作业

通过小组讨论与老师的点评，以小组为单位，总结仓储装卸搬运工的主要工作内容并记录下来。

2．通过查阅相关资料，结合生活中了解的或看到的仓储装卸搬运工工作经历，进一步讨论在物流行业中，仓储装卸搬运工应该具备什么样的专业技能与基本素质？

二、职业沟通能力练习

在实际工作中，与领导、客户的沟通交流必不可少。因此，仓储装卸搬运工不仅需要掌握相应的专业技能，还需要掌握一定的职业沟通能力。

情景演练：

1．以小组为单位，各个组员分配不同的角色（装卸搬运工、领导、客户），参考以下情景，进行角色扮演。

今天有客户来仓库提货，领导安排装卸搬运工驾驶叉车将客户需要的货物从货架上取下来。但装卸搬运工在取货的过程中，由于操作不当，部分货物遭到碰撞损坏。这时，装卸搬运工应怎么做？如何与领导和客户沟通？

2．各个小组之间根据扮演者的表现互相点评，指出表演者在沟通过程中值得大家借鉴的地方与不足之处。根据各个小组与老师点评后的结果，总结职业中的沟通交流方法。

学习活动2　安全操作

1. 学生应能正确认识叉车的安全操作规范
2. 学生应能牢记叉车学员安全操作注意事项。
3. 学生应能熟记实训场地的管理。

建议课时：4课时

一、观看叉车安全驾驶微课视频，查阅相关资料，将下列注意事项的空白处补充完整

见图1-5～1-10。

图1-5　叉车起步的路面情况

（一）叉车行驶注意事项

1. 叉车行驶必须遵守行车准则，自觉限速，一般按以下时速行驶。

（1）平直、硬实、干净路面，路旁无堆放物、无岔道、无停放车辆，视线良好，不大于__________。

（2）一般情况路面或拐弯时，仓库内行车道路较宽较长，视线良好，无行人处，不大于__________。

（3）通道狭窄、人车混杂、视线不良、交叉路口、装卸作业地点及倒车时，不大于__________。

2. 叉车严禁载__________行驶，严禁熄火滑行、空挡滑行。

3. 行驶过程中要保持安全时速，时刻注意行人和车辆的动态，保持与其他车辆或行人的安全距离和__________安全距离，提防行人或车辆突然横穿道路。

4. 夜间行驶尤其是会车时，驾驶人员应__________行驶。

5. 在雨天、钢板上或沾油路面上行驶时，要提前__________，稳速行驶，不得紧急制动或__________。

6. 通过__________的地方时，谨慎通过，必要时应有专人指挥，不得盲目甚至强行通过。

7. 注意车轮不得__________垫木等物品，以免碾压物蹦起伤人。

8. 行驶时，货叉距地面__________cm，门架后倾，行驶过程中注意不要让货叉触及地面，以免弄坏叉尖和路面。

叉车行驶注意事项小提示：

1.（1）15km/h；（2）10km/h；（3）5km/h　2. 人　3. 纵向　4. 减速　5. 减速；急打方向　6. 狭窄或低矮　7. 碾压　8. 20

（二）叉车的转弯与倒车注意事项

1. 转弯时应提前打开__________，减速、鸣喇叭、靠__________。注意观察转向轮外侧后方的行人或物品是否在危险区域内。

图 1-6　叉车转弯

2. 转弯时必须严格__________，严禁__________。

3．倒车前应先仔细观察四周和后方的情况，确认＿＿＿＿＿＿后倒车。

图 1-7　叉车倒车转弯

4．倒车时方向盘的操作与前进时＿＿＿＿＿＿，而且视线受到体位限制，所以倒车更要谨慎操作。

叉车的转弯与倒车注意事项小提示：

1．转向指示灯；右行　2．控制车速；急打方向　3．安全　4．恰好相反

（三）装卸、堆垛安全注意事项

1．货物重心在规定的载荷中心，不得超过额定的＿＿＿＿＿＿，如货物重心改变，其起重量应符合车上起重量负载曲线标牌上的规定。

2．应根据货物大小调整＿＿＿＿＿＿，使货物的重心在叉车纵轴线上。

图 1-8　叉车堆垛作业

3．货叉接近或撤离货物时车速应缓慢平稳；装卸货物时，应该严格按照八步法操作。

①取货八步法：____

②卸货八步法：____

4．叉车行驶过程中不能__________货叉，升降货叉时必须挂空挡、踩制动踏板。

图 1-9　叉车上架作业

5．叉车停稳，挂空挡，拉紧驻车制动后方可进行__________，作业时货叉附近不得有人。

6．货叉悬空时驾驶员不得__________驾驶座，并阻止行人从货叉架下通过。

图 1-10　叉车下架作业

7. 当搬运的大件货物挡住驾驶员视线时，叉车应__________行驶。

8. 不得利用__________溜放货物。

装卸、堆垛安全注意事项小提示：

1. 起重量 2. 货叉间距 3. ①驶进货位、垂直门架、调整叉高、进叉取货、微提货叉、后倾门架、驶离货位、调整叉高叉取货物；②驶进货位、垂直门架、调整叉高、进车对位、落叉卸货、退车抽叉、后倾门架、调整叉高卸载货物 4. 升降 5. 装卸 6. 离开 7. 倒退低速 8. 制动惯性

二、实训场地管理要求

实训场地是学习、训练的重要场所。要爱护实训场地与场地里的设施设备，遵守实训场地管理要求，延长实训场地与设施设备的使用时长，避免损坏。

具体要求如下。

1. 使用实训场地或设施设备必须经__________或__________同意，不得擅自进入实训场地或使用设施设备。

2. 进入实训室必须__________，听从老师安排，不得高声喧哗与打闹。

3. 不准带__________进入实训场地，保持场地干净卫生。

4. 使用设施设备前，必须检查设施设备的__________，查看其是否可以正常使用。

5. 使用实训场地及设施设备时，注意牢记__________注意事项，避免因操作不当造成对实训场地及设施设备的损坏。

6. 离开实训场地前，清点好本次课使用的设施设备及各项用品、耗材，将其__________。

7. 离开实训场地前，必须做好“7S”（__________、__________、__________、__________、__________、__________、__________）管理工作、关闭电源，经过老师或实训室管理员对设备检查无损坏后方可离去。

实训场地管理要求小提示：

1. 老师；实训室安全员 2. 保持安静 3. 食物 4. 安全性 5. 安全操作 6. 归入原位 7. 整理、整顿、清扫、清洁、素养、安全、节约

学习活动 3　危险处理

学习目标

1. 学生应能在实训中尽量避免危险情况的发生。
2. 学生应能正确实施急救。

建议课时：2 课时

学习过程

一、常见危险事故种类

叉车驾驶过程中常见事故种类见表 1-1。

表 1-1　叉车驾驶过程中常见事故种类

事故种类	图例
叉车侧翻事故	
驾驶过程中处于视线盲区或刹车失灵导致叉车撞伤或碾压人员事故	

续表

事故种类	图例
货叉伤人事故	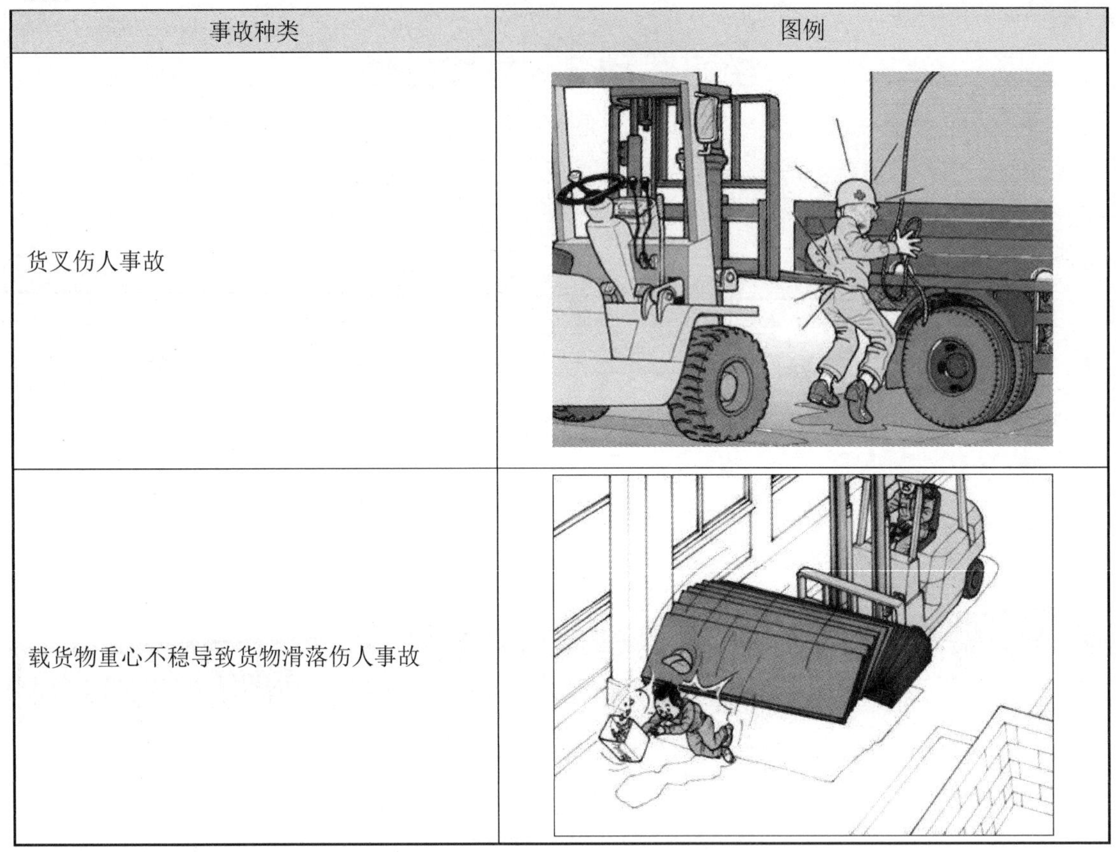
载货物重心不稳导致货物滑落伤人事故	

事故有可能造成被叉车撞伤、被叉车碾压、叉车侧翻、被货叉戳伤、被滑落货物撞伤等危险情况。

想一想：

如何避免上述危险事故的发生？

____

____

二、遇到危险事故时的处理办法

1．第一时间查看伤员伤势，保护伤员和现场，疏散人群。
2．立即通知老师，说明现场状况。
3．根据现场状况，在老师的指导下展开施救。

具体事故处理办法见表 1-2

表 1-2　具体事故处理办法

危险情况类型	图例	处理办法
叉车侧翻的情况		叉车侧翻时千万不能解开安全带跳车，也不能踩下制动踏板强制停车。应双手紧握方向盘慢打方向，身体向侧翻的相反方向倒去
叉车撞伤人员的情况	 当心叉车 Caution, Fork lift trucks	及时查看叉车上是否有重物，若有，在不伤害伤员的前提下尽量想办法搬走叉车上的重物，避免重物在救助伤员的过程中掉落，造成二次伤害
叉车所载重物滑落砸伤人员的情况		在移开滑落的重物时应确保能够一次性移开重物，防止多次移动重物造成对伤员的二次伤害
叉车碾压人员的情况		若叉车上有重物，也应先将叉车上的重物搬走，再借助千斤顶、吊车等设备移动叉车，将伤员救出。在移动叉车的过程中注意采取措施，防止叉车侧翻对伤员造成二次伤害。严禁擅自开车移动叉车救人

想一想：

1．为什么叉车侧翻时，不能解开安全带跳车？

2．为什么当伤员被叉车碾压时，不能擅自开车移动叉车救人？

学习活动 4　评价反馈

1．学生应能以小组形式总结学习成果并进行汇报展示。
2．学生应能完成对学习过程进行的综合评价。

建议课时：2 课时

一、训练汇报

各小组派 1～2 名同学上台汇报，简要说明叉车的安全驾驶注意事项、遇到危险事故时的处理方法。

其他小组在听取他人汇报后，将他人汇报过程中值得学习的地方与不足的地方记录下来，互相分享交流。

见表 1-3。

表 1-3　训练汇报

汇报小组	值得学习的地方	不足的地方

二、综合评价

完成本次学习任务后，根据以下评分内容进行评分（自我评价、小组评价、教师评分）。见表 1-4。

表 1-4　综合评价

评价内容	分值	评分		
		自我评价	小组评价	教师评价
职业感知能力	10			
职业沟通能力	10			
叉车安全操作意识	30			
实训场地管理能力	20			
危险处理能力	30			
合　计				

学习任务二

手动液压搬运车的操作

1. 能熟知手动液压搬运车的构造。
2. 能牢记操作过程中的安全事项，建立自觉遵守安全操作规程的意识。
3. 能熟练完成手动液压搬运车的起降操作。
4. 能熟练使用手动液压搬运车完成载有货物的托盘的叉取搬运作业。
5. 通过亲身参与和探索实践，获得成功的体验，激发学生的学习兴趣。

建议课时：18 课时

工作情景描述

因疫情期间口罩供不应求，某大型工厂物流中心人手短缺，为加大生产量，紧急招聘了一名员工小姜。小姜在入职的第一天，陈经理要求其从手动液压搬运车开始学习，使用手动液压搬运车把刚刚生产出来的两千个口罩从生产区运至出库暂存区，等待出货。

1. 任务发布。
2. 制订计划。
3. 任务实施。
4. 评价反馈。

学习活动1　任务发布

1．能熟知工作任务。
2．能准确记录工作现场的环境条件。

建议课时：2课时

一、分析工作任务

同学们，工作任务我们已经接收，但对任务中需要使用到的手动液压搬运车并不了解。因此，我们要从哪一方面开始学习？具备什么知识技能我们才能在安全的情况下顺利完成这个任务呢？

手动液压搬运车（又称手动叉车或地牛），在叉车设备中使用最为频繁，也最为基础。因此对于刚刚接触物流叉车设备的新人来说，首先学习该设备是很有好处的。同学们需要对手动液压搬运车的构造、使用方法、安全注意事项了如指掌；并熟悉设备的起降和叉取托盘操作。只有按照流程把手动液压搬运车知识和技能都掌握以后，才能安全高效地进行场地作业。

二、勘探地形，梳理运输通道之间的构造

场地布局如图2-1所示。

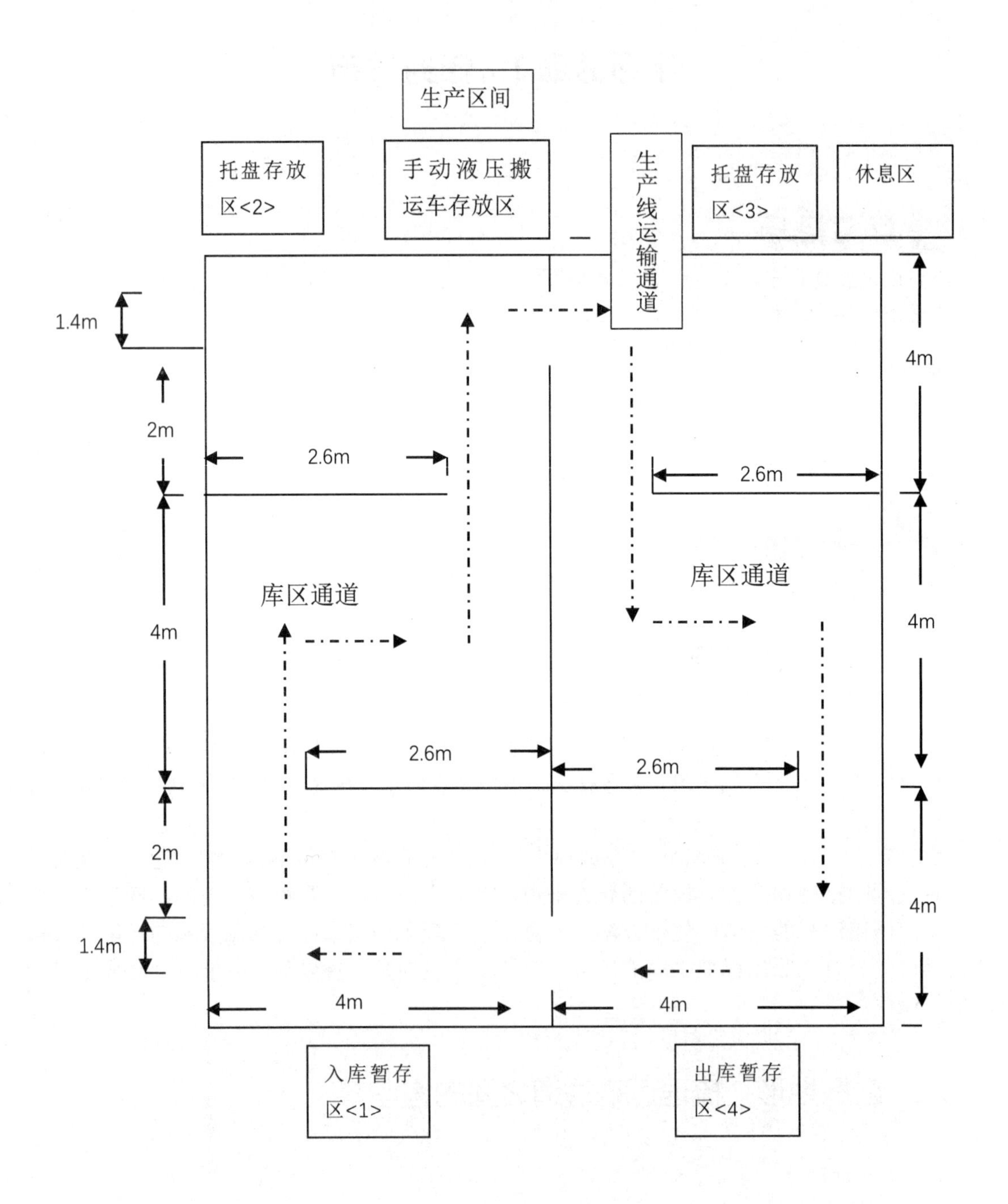
生产区间
托盘存放区<2>
手动液压搬运车存放区
生产线运输通道
托盘存放区<3>
休息区
1.4m
2m
2.6m
2.6m
4m
4m
库区通道
库区通道
4m
2.6m
2.6m
2m
4m
1.4m
4m
4m
入库暂存区<1>
出库暂存区<4>

图 2-1　场地布局图

学习活动 2　制订计划

1．能正确描述手动液压搬运车的基本结构。
2．能牢记操作过程中的安全事项，建立自觉遵守安全操作规程的意识。
3．能根据任务要求和实际情况，合理制订工作计划。

建议课时：8 课时

一、认识手动液压搬运车的基本结构

同学们，我们在学习一种运输工具的时候，要从什么开始学起？我们需要对它的外观和构成有所了解吗？

1．通过对设备的观察，你能对比指出手柄零部件图片（图 2-2 和图 2-3）中所罗列出来的零部件所在实物设备中的位置吗？

2．在设备中找到图 2-4 中指示图片，并讨论是什么意思。

3．观察图 2-5～2-7，看看哪些零部件是可以直接找到的。

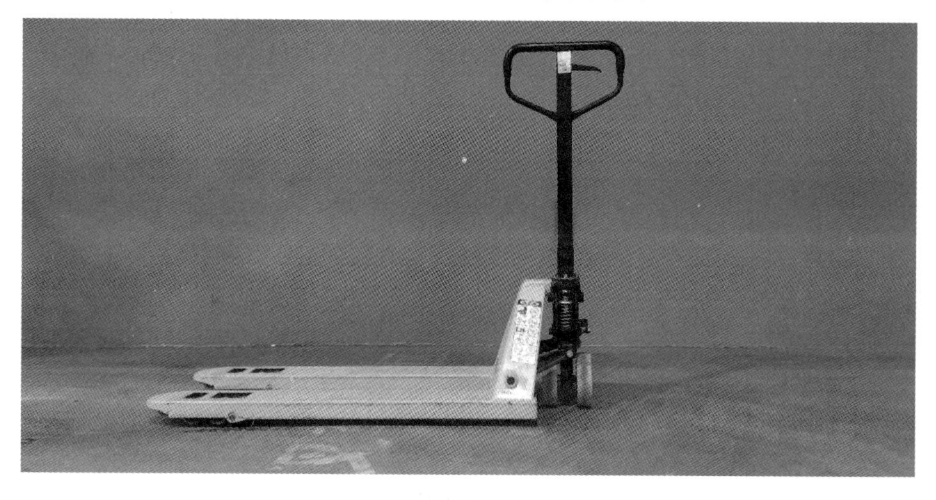

图 2-2　手动液压搬运车（地牛）

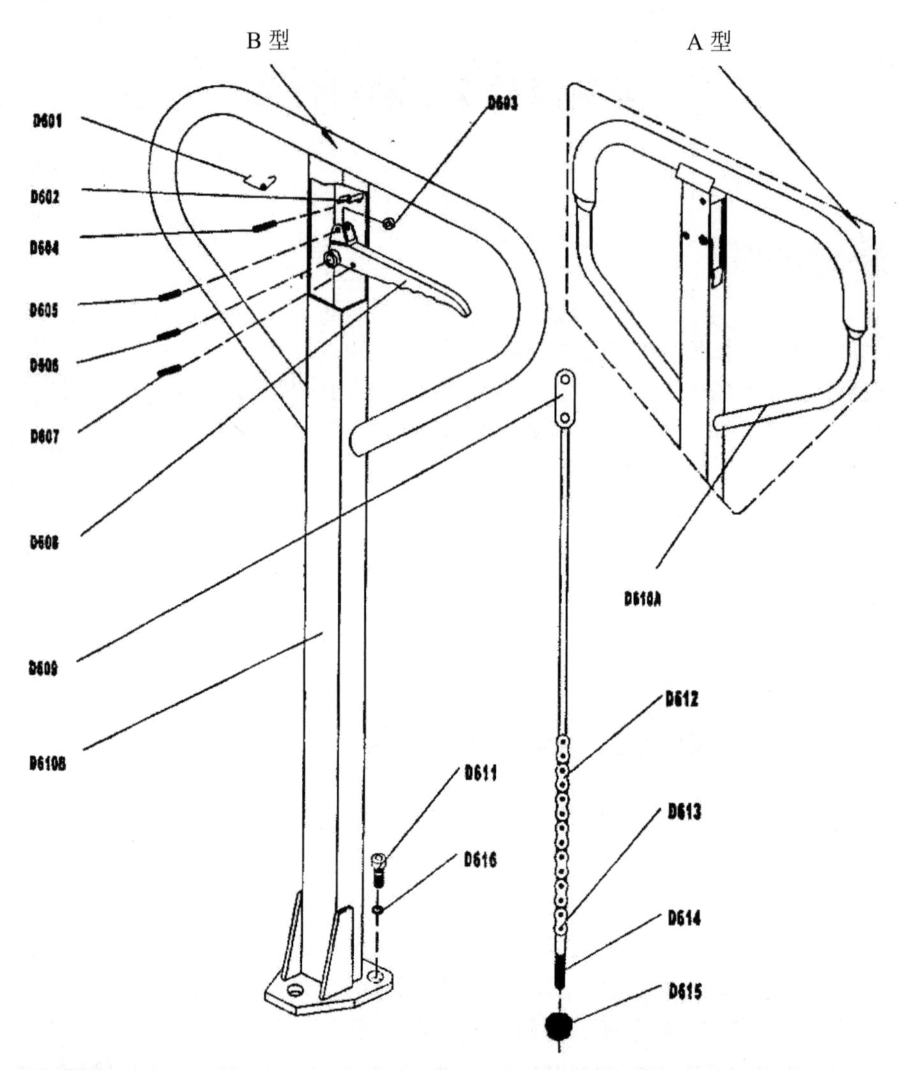

序号	名称	数量	注释	序号	名称	数量	注释
D601	扭簧	1		D610A	手柄	1	A 型专用
D602	折页	1		D610B	手柄	1	B 型专用
D603	滚轮	1		D611	螺钉	3	
D604	弹性销	1		D612	链条	1	
D605	弹性销	1		D613	销	1	
D606	弹性销	1		D614	调节螺栓	1	
D607	弹性销	1		D615	调节螺母	1	
D608	指状手柄	1		D616	弹性垫片	3	
D609	连板	1					

图 2-3　手柄零部件

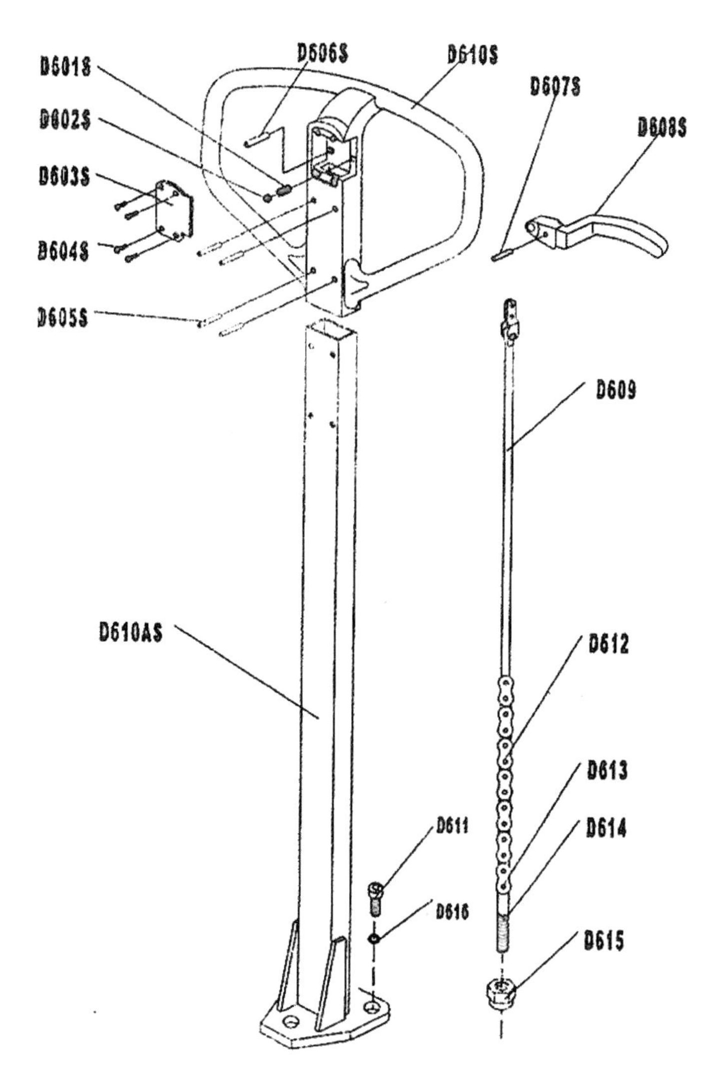

序号	名称	数量	注释	序号	名称	数量	注释
D601S	弹簧	1	仅适用于 D 型手柄	D610S	手把	1	仅适用于 D 型手柄
D602S	钢球	1		D610AS	手柄	1	
D603S	盖	1		D611	螺钉	3	
D604S	螺钉	4		D612	链条	1	
D605S	弹性销	4		D613	销	1	
D606S	销	1		D614	调节螺栓	1	
D607S	弹性销	1		D615	调节螺母	1	
D608S	指状手柄	1		D616	弹性垫片	3	
D609S	连板	1					

图 2-4　手柄结构

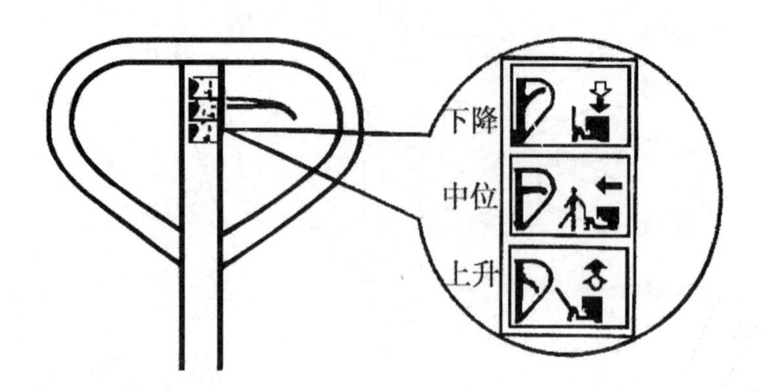

图 2-5　手柄操作图

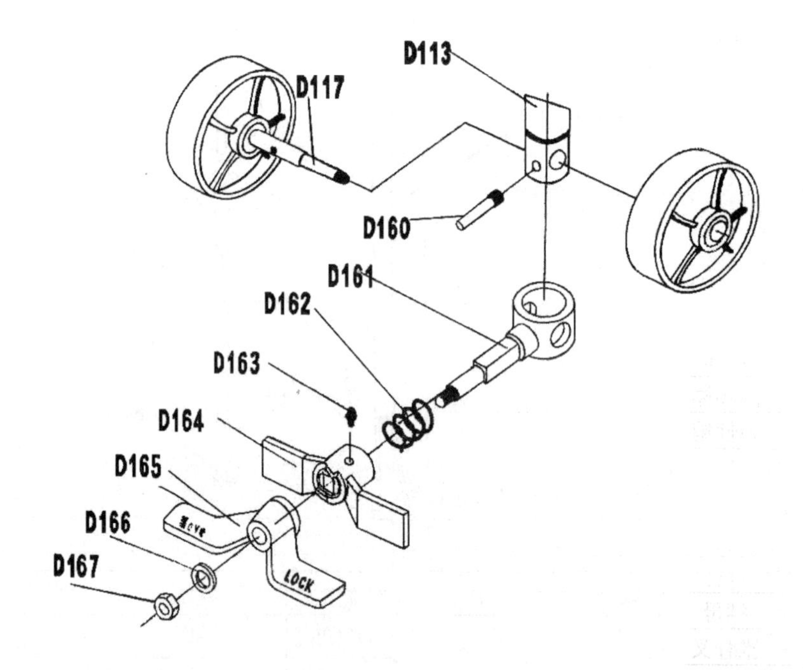

序号	名称	数量	序号	名称	数量
D113	油泵体	1	D163	油杯	1
D117	大轮轴	1	D164	制动板	1
D160	固定螺钉	1	D165	踏板	1
D161	固定座	1	D166	垫圈	1
D162	弹簧	1	D167	自锁螺母	1

图 2-6　手动液压搬运车货叉部分参数

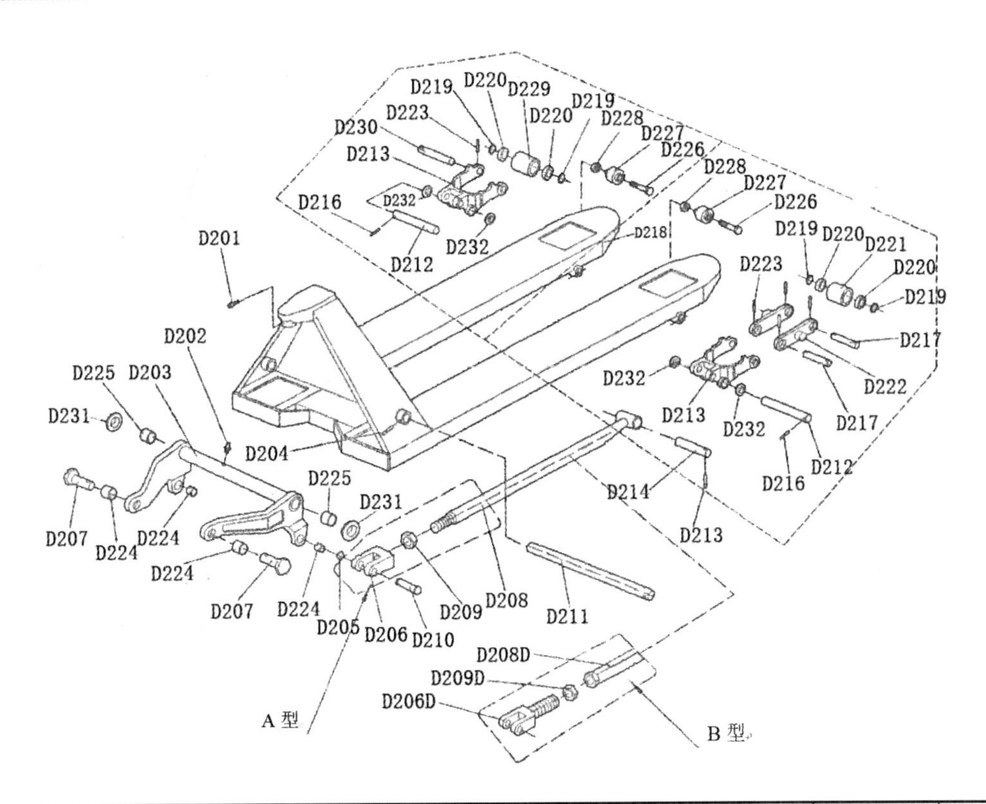

序号	名称	数量	注释	序号	名称	数量	注释
D201	螺钉	1		D216	弹性销	2	
D202	油杯	1		D217#	小轮盘	4	
D203	圆环棒	1		D218	叉架	1	
D204	弹性销	1		D219	垫片	8 或 4	
D205	轴用弹性挡圈	2		D220	轴承	8 或 4	
D206	推杆叉	2		D221#	小轮	4	
D207	轴	2		D222#	三连板	4	
D208	推杆	2	A 型	D223	弹性销	8 或 2	
D209	螺母	2		D224	衬套	4	
D206D	推杆叉	2		D225	衬套	2	
D208D	推杆	2	B 型	D226	螺栓	2	
D209D	螺母	2		D227	进入滚子	2	
D210	销	2		D228	螺母	2	
D211	长轴	1		D229*	小轮	2	
D212	轴	2		D230*	小轮轴	2	
D213	弹性销	2		D231	垫片	2	
D214	推杆轴	2		D232	垫片	4	
D215	力臂块	2					

（注：#—双轮，*—单轮）

图 2-7　叉架零部件

二、安全事项

（一）观看录像，讨论手动液压搬运车操作事故现象及发生的原因

见表 2-1。

表 2-1　事故原因分析表

事故现象	原因

（二）说出图示所表达的设备使用中的注意事项

见图 2-8。

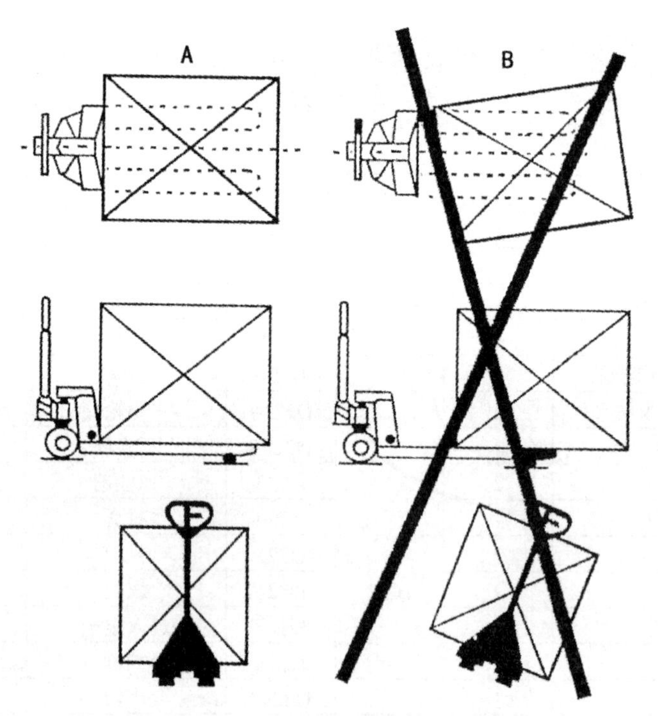

图 2-8　设备使用示例

分组讨论后，各组选派代表说明图示表达什么意思。

（三）违规作业现象和正确操作

见图 2-9～2-18。

1．违规操作一：

图 2-9　违规操作一

图 2-10　正确操作一

小提示：手动液压搬运车作业区安全规范：禁止站在手动液压搬运车上滑行。

2．违规操作二：

图 2-11　违规操作二

图 2-12　正确操作二

小提示：手动液压搬运车作业区安全规范：非工作需要，不得在手动液压搬运车上停留或玩耍。

3．违规操作三：

图 2-13　违规操作三

图 2-14　正确操作三

小提示：手动液压搬运车作业区安全规范：禁止坐在手动液压搬运车手柄上！

4．违规操作四：

图 2-15　违规操作四

图 2-16　正确操作四

小提示：手动液压搬运车作业区安全规范：货物阻挡视线时，手动液压搬运车只能用拉的方式运送。

5. 违规停放：

图 2-17　违规操作五

图 2-18　正确操作五

小提示：手动液压搬运车作业区安全规范：手动液压搬运车停放要“打横”（车轮转动90°）。

三、制订计划

掌握手动液压搬运车的起降、叉取托盘、载货绕桩等技能后，通过对现场的勘察，各小组画出分布图，确认最佳的路线：手动液压搬运车停车区—托盘存放区—生产区间—经过货房通道—发货暂存区，最后原路返回将托盘和手动液压搬运车放回指定位置。下面请同学们根据文中提示和现场的布局、设施做详细的工作计划，并将计划填入表 2-2 内。

表 2-2　工作计划表

小组成员：

施工步骤	详细施工内容	施工设施
步骤一		
步骤二		
步骤三		
步骤四		
步骤五		
步骤六		
步骤七		
（可添加步骤）		

学习活动 3　任务实施

1. 能复述手动液压搬运车操作流程。
2. 能熟练完成手动液压搬运车的起降操作。
3. 能熟练使用手动液压搬运车完成托盘的叉取作业。
4. 能熟练使用手动液压搬运车完成载有货物的托盘的叉取搬运作业。
5. 能根据任务要求实施作业。

建议课时：6 课时

一、起降操作

（一）指状手柄的操作

根据指状手柄（图 2-19）的操作讲解，请把文中空格部分填写完整。

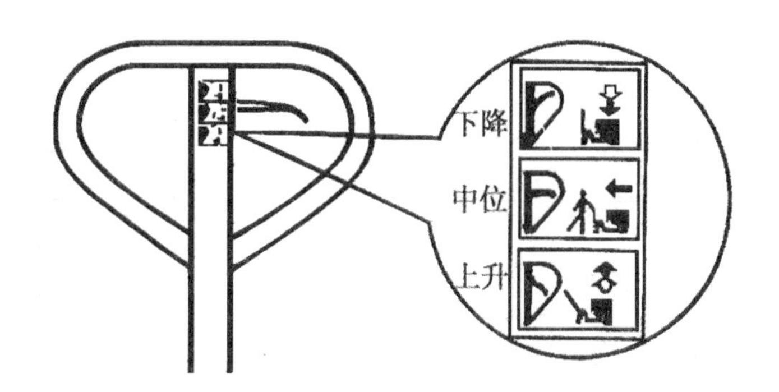

图 2-19　指状手柄操作

在搬运车的手柄上，会看到指状手柄有三种状态，其功能如下：
上升——控制手柄在______，上下摆动手柄时货叉上升。
中位——控制手柄在______，上下摆动手柄，货叉既不上升，也不下降，用于拉动车辆时。
下降——控制手柄在______，此时货叉下降，松开控制手柄，应自动回到中位。

（二）指状手柄的操作练习

在教师演示后，安排每一名学生进行升降操作，要求学生上升操作时，摆动手柄幅度大，频率快；在下降操作时，控制力量程度，保证货叉匀速下降。

二、现场操作取放托盘

学习叉取托盘的要点：
1．巩固指状手柄的操作：
见图 2-20。

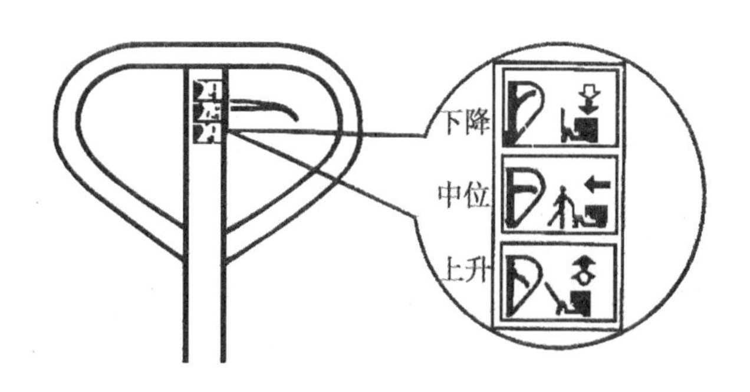

图 2-20　指状手柄操作

在搬运车的手柄上，会看到指状手柄有三种状态，其功能如下：
上升——控制手柄在下部，上下摆动手柄时货叉______。
中位——控制手柄在中部，上下摆动手柄，货叉既不______，也不______，用于拉动车辆时。
下降——控制手柄在上部，此时货叉______，松开控制手柄，应自动回到中位。

2．取用操作训练：

观察图 2-21，总结出取用手动液压搬运车的操作。

图 2-21　叉取货物之前的行进

3．叉取托盘操作：

观察图 2-22，总结出用手动液压搬运车叉取货物的操作步骤。

图 2-22　手动液压搬运车叉取货物

4．移动托盘操作：

见图 2-23。

图 2-23　手动液压搬运车移动托盘操作

5．设备停放操作：

见图 2-24。

图 2-24　手动液压搬运车的停放

三、操作载物托盘绕桩训练

（一）手动液压搬运车的操作

1．起动：

（1）检查捏手是否正常，如图 2-25 所示。

（2）检查液压搬运车的液压状况、升降是否完好。

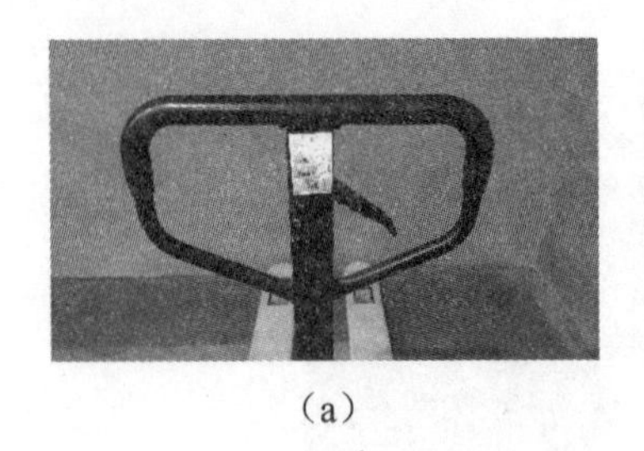
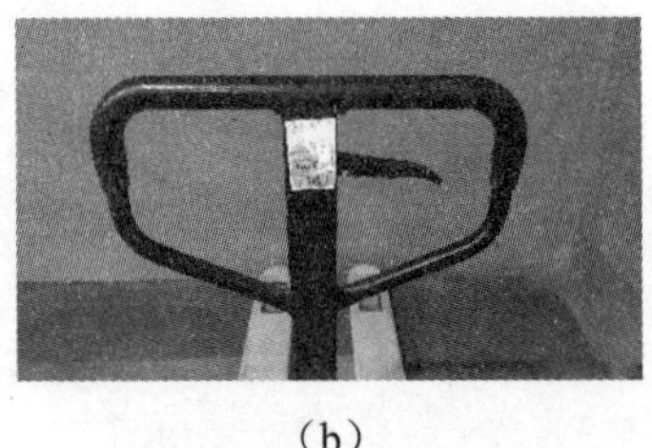
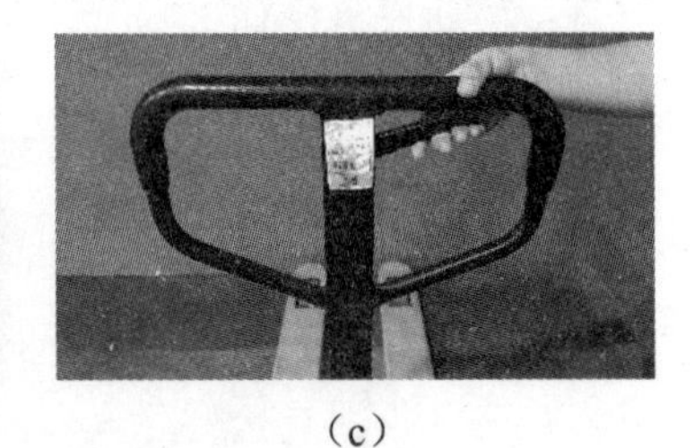

（a）　　（b）　　（c）

图 2-25　操作手柄的状态

（a）货叉提升状态；（b）货叉工作状态；（c）货叉下降状态

2．作业：

（1）货叉在进入托盘插孔时，不允许碰撞托盘，并保证货叉进入托盘后，托盘均匀分布在货叉上，否则运行时易引起侧翻。

（2）抬升托盘。将搬运车捏手下压至上升挡，手柄上下侧翻往复，至托盘离地 2～3cm 即可。将捏手回至空挡。

（3）载物起步时，应先确认所载货物平稳可靠。须缓慢平稳起步。

（4）运行过程中，不允许与其他设备或物品产生任何碰撞。

（5）货物搬运至目的位置时，将捏手提升至下降挡，货叉降至最低点，方可拉出液压搬运车。

（6）停止。

①停车时，手柄应与货叉垂直。

②保证货叉已降至最低位置。

③不允许将液压搬运车停出设备指定区域外。

（二）手动液压搬运车的行进作业

1．利用手动液压搬运车叉取托盘，运至指定目的地（图 2-26）。

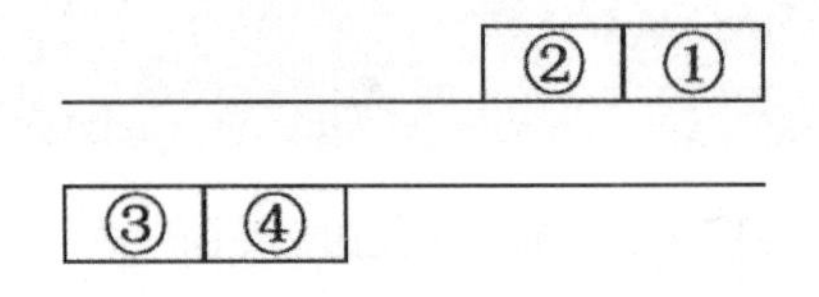

图 2-26　手动液压搬运车叉取托盘作业图

（1）从①处，获取手动液压搬运车（设备起始状态：手柄与货叉成垂直状态）。

（2）在②处，叉取托盘。

（3）利用手动液压搬运车将托盘搬运至④处。

（4）手动液压搬运车回至③处。

2．利用手动液压托盘搬运车顺时针循环操作（图 2-27）。

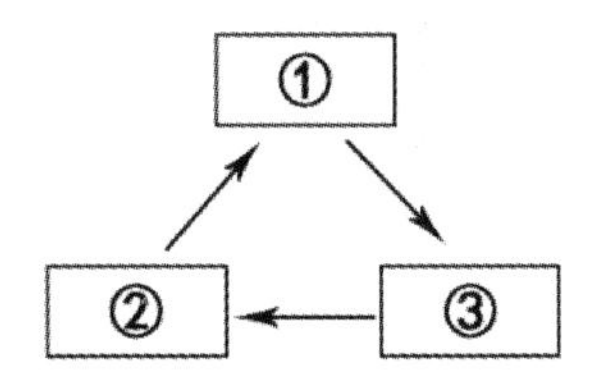

图 2-27　手动液压搬运车顺时针循环操作作业图

（1）①②③处分别有一辆手动液压搬运车、一个托盘。三位同学分别立于此处。

（2）三位同学同时启动，提升托盘，①运至②处降下，②运至③处降下，③运至①处降下，如此往复。

3．在 U 形通道内，手动液压搬运车运送托盘至指定目的位置（图 2-28）。

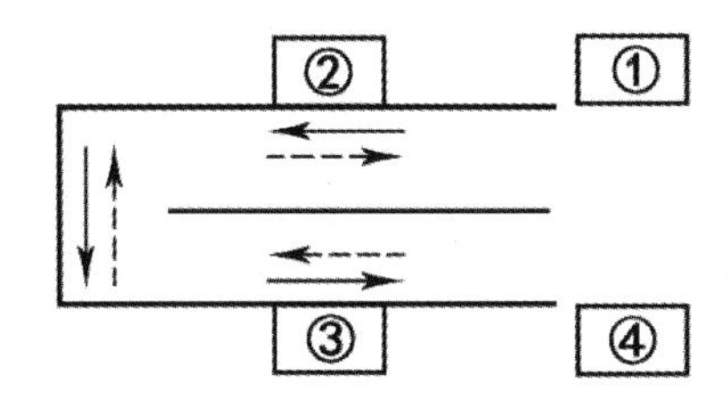

图 2-28　手动液压搬运车运送托盘作业图

（1）①处放置一辆手动液压搬运车，②处放置一个托盘。

（2）第一位同学从①处取手动液压搬运车（设备起始状态：手柄与货叉成垂直状态）。

（3）手动液压搬运车行驶至②处，叉取托盘。

（4）利用手动液压搬运车，将托盘运至③处，卸下。

（5）手动液压搬运车驶回至④处。

依据熟练程度，可在托盘上增加一个水杯，运行过程中，水杯内水漾出不允许超过 1 / 3 的水量。

（三）手动液压搬运车行进的障碍物练习

利用矿泉水瓶做障碍物，将场地布置成手动液压搬运车障碍物行进路线图（图 2-29）。

1．从手动液压搬运车存放处将设备拉出，将入库暂存区<1>的托盘升起。

2．按规定的路线正向通过库区通道后，将托盘放入托盘存放区<3>。

3．利用手动液压搬运车将托盘存放区<2>的托盘货品转移至出库暂存区<4>。

4．将手动液压搬运车放回存放区。

四、勘测现场，根据做出的路线，各小组分批次单独实施作业，完成任务

见图 2-29。

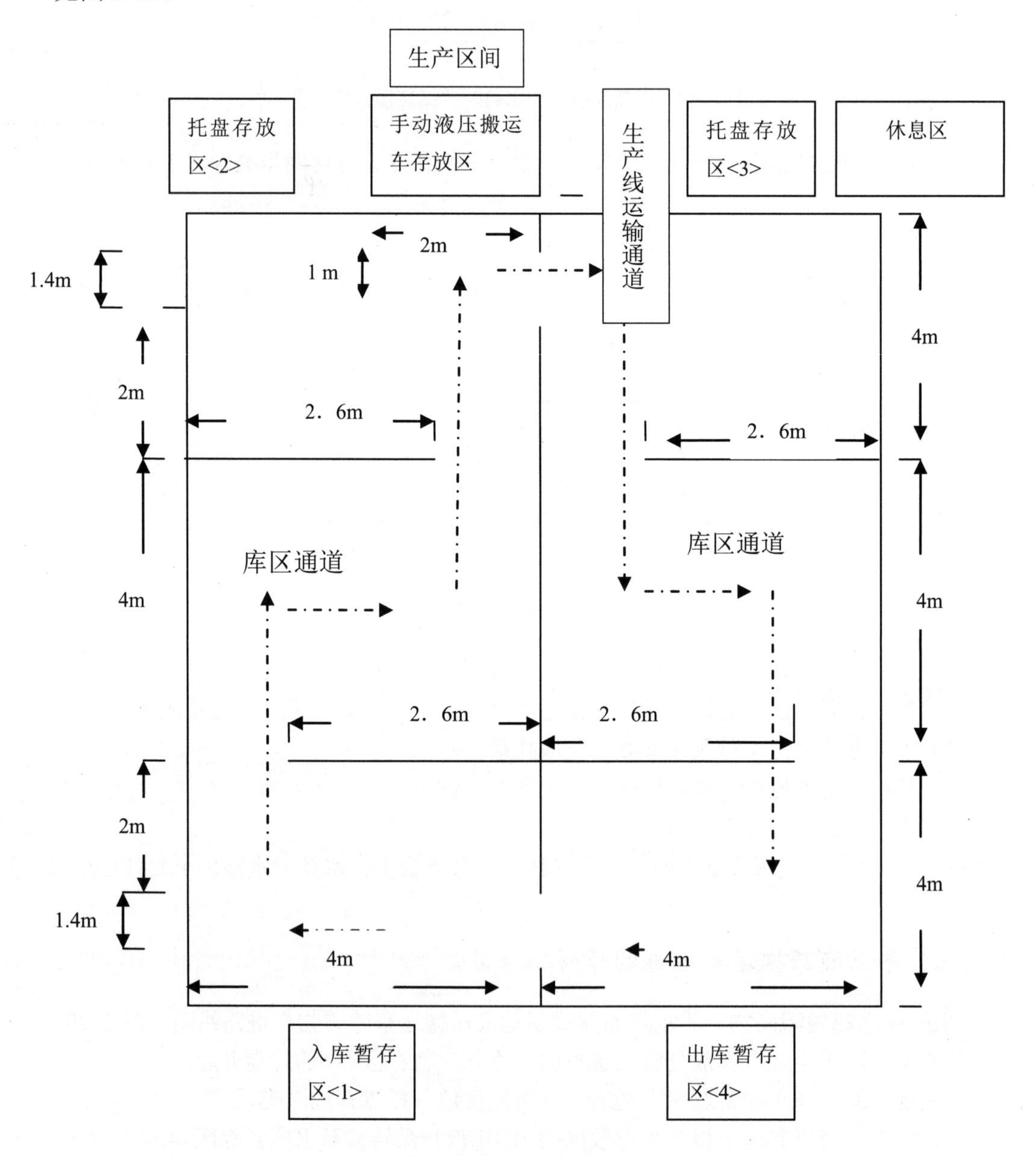

图 2-29　场地布局图

1．在手动液压搬运车停车区检查手动液压搬运车是否正常，将其启动。

2．在托盘存放区用手动液压搬运车叉取托盘。

3．将托盘运至生产区间。

4．在生产区间将货物放到托盘上码好。

5．沿着定好的线路搬运至出库暂存区，切勿碰到货架和压线行驶。

6．将托盘按照停放标准停放后，原路返回，将设备归位。

以小组为单位，展示本组完成任务的成效。然后由教师点评，并根据以下评分标准进行评分。

见表 2-3。

表 2-3　测评表

评价内容	分值	评分		
		自我评价	小组评价	教师评价
手动液压搬运车行车路线制订是否合理	10			
设备检查是否准确、全面	10			
手动液压搬运车起步是否严格按照标准操作	10			
手动液压搬运车行驶是否出现不安全操作	10			
托盘是否移位、碰撞	10			
货架是否发生碰撞	10			
手动液压搬运车是否碰桩、压线	10			
货物是否正确下架	10			
设备是否正确、安全归位	20			
合　计				
操作时间				

小提示：若托盘没有均匀分布在货叉上，运行时易引起侧翻；完成抬升托盘的操作后，要及时将捏手回至空挡；降低货叉前要将捏手提升至下降挡。

学习活动 4　评价反馈

1．能总结出施工过程中的优点与不足。

2．能总结出自己在操作的过程中理论和技能具体有何不足。

3．能在工作后总结不足并做出改进。

建议课时：2 课时

一、学业评价

完成以下表格后，以小组的形式讨论施工的成果，总结归纳。

见表 2-4。

表 2-4　学业评价

班级：　　　　　　　　姓名：

任务名称：手动液压搬运车的操作				日期：		
项目	考核点		分值	个人评分	小组评分	教师评分
知识技能考核	了解手动液压搬运车的日常检查工作		10			
	手动液压搬运车的安全操作		10			
	手动液压搬运车的起步停车		10			
	手动液压搬运车的带货行驶起步停车		10			
	工作任务	出库搬运	10			
		返库设备归位	10			
职业素养考核	课前	做好预习工作	10			
	课中	能良好地与老师、同学沟通交流	10			
		独立完成实训任务	10			
	课后	能够查找自身不足并改进	10			
合计						
自我反思						

二、学习总结

学习者对本学习任务的掌握情况，简要说明做得好的方面以及不足之处。

见表 2-5。

表 2-5　学习总结

学习任务三

手动堆高车的操作

1. 学生应能结合工作情境和手动堆高车基本知识，明确工作任务要求。
2. 学生应能正确熟记手动堆高车的总体结构。
3. 学生应能牢记手动堆高车安全操作注意事项。
4. 学生应能根据任务要求和实际情况，做好工作准备。
5. 学生应能在行驶前正确检查手动堆高车
6. 学生应能正确操作手动堆高车，完成手动堆高车的起步操作、前进、后退、停车操作、卸货、堆垛上架等基础技能。
7. 学生应能正确完成货物的装卸搬运和堆垛工作。
8. 学生应能结合工作情境，完成货品的上架工作。
9. 学生应能在工作过程中与人良好地交流与合作。
10. 学生应能总结出工作过程中的优点与不足。
11. 学生应能对工作过程中的理论、技能和职业素养进行互评和自评。
12. 学生应能在工作后自我反思并做出改进。

建议课时：24 课时

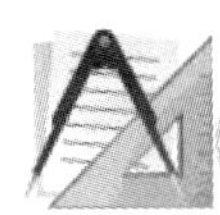

工作情景描述

某物流中心的仓管员小姜收到一个入库通知单，要求将4箱娃哈哈矿泉水进行入库后，利用手动堆高车将托盘上的货物进行堆垛上架。

1. 任务发布。
2. 制订计划。
3. 任务实施。
4. 评价反馈。

学习活动 1　任务发布

1. 学生应能结合工作情境和手动堆高车基本知识，明确工作任务要求。
2. 学生应能正确熟记手动堆高车的总体结构。
3. 学生应能牢记手动堆高车安全操作注意事项。

建议课时：2 课时

一、认识手动堆高车的结构和参数

仓管员小姜在接收到任务之后，由于对手动堆高车不了解，他首先进行手动堆高车基本知识的学习。内容如下。

（一）手动堆高车总体结构

手动堆高车由液压系统、门架和货叉三部分组成。

见图 3-1。

图 3-1　手动堆高车

该车以手动液压千斤顶（即液压装置）为动力提升重物，人力推拉搬运重物。液压装置设回油阀，通过手柄控制货叉下降速度，并使液压系统动作正确，安全可靠。门架采用优质型钢焊接而成，刚性好、强度高。后轮使用带刹车装置的万向轮，可自由旋转，轻便灵活，前后轮均以滚珠轴承安装于轮轴上，转动灵活。车轮为尼龙轮，耐磨、耐用，且不易损坏工作地面。

（二）手动堆高车的参数

见表 3-1。

表 3-1　手动堆高车的参数

型号	CTY—A3.0（轻型门架）
额定载荷（千克）	3 000
起升高度（毫米）	1 600
门架材料	16#工字钢
货叉低放高度（毫米）	100
货叉长度（毫米）	1 000
货叉可调节宽度（毫米）	320～770
起升速度（毫米/秒）	10
下降速度（毫米/秒）	可控
前腿外宽（毫米）	750
手柄操作力（千克）	40
最小加油量（升）	3.0
前轮尺寸（毫米）	Φ100×50
后轮尺寸（毫米）	Φ180×50
自重（千克）	280

二、了解手动堆高车安全操作知识

（一）安全指南

1．手动堆高车仅限于在地面平整、坚硬的室内使用，严禁在________等腐蚀性环境中使用。

2．操作车辆前请认真阅读本手册，并了解车辆性能，每次使用前仔细检查车辆是否________，严禁使用________的车辆。

3．严禁超载使用，________和________应符合本说明书参数表的要求。

4．车用作堆垛时，货物的重心必须在________以内，严禁堆垛________货物。

5．当需要较长距离搬运货物时，货叉离地高度不能超过________米。

6．堆垛货物时，货叉下或车辆周围严禁________。

7．严禁货叉上________作业。

8．货物在高处时应慢慢________或慢慢________，不允许________。

见图 3-2。

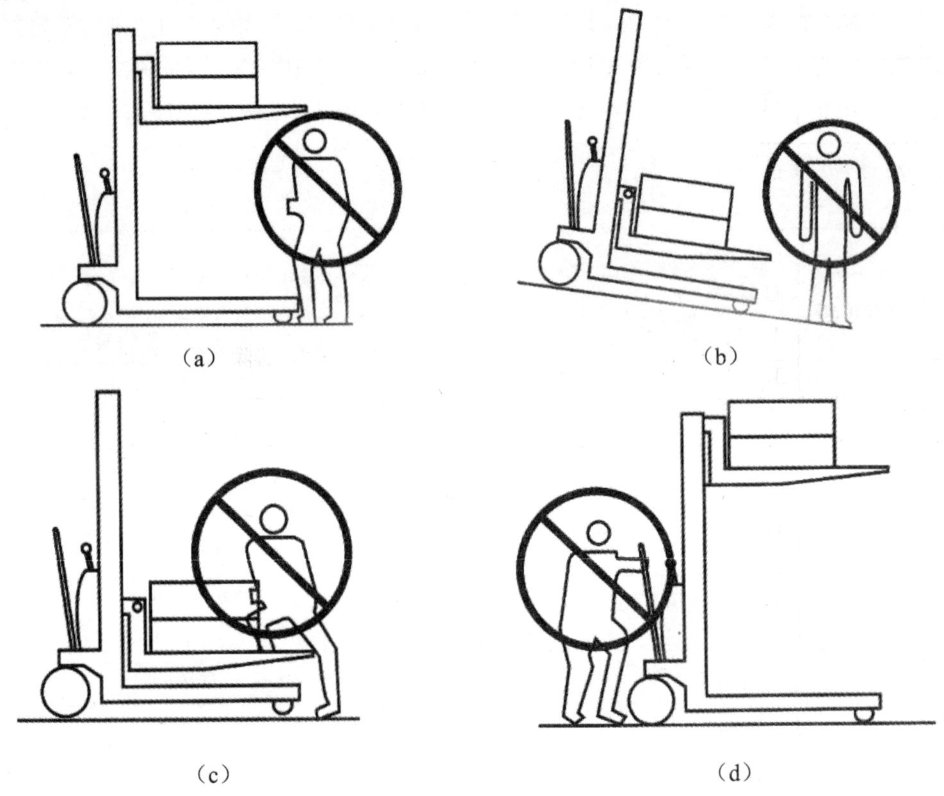

图 3-2　手动堆高车的不规范操作

安全指南小提示：

1. 酸碱　2. 正常；有故障　3. 载质量；载荷中心　4. 两个货叉；松散　5. 0.5　6. 站人　7. 站人　8. 向前推进；向后拉；转弯

（二）使用与维护

1. 堆高车不工作时，不允许重载________，以防零部件永久变形。

2. 所有活动铰链部位应________加润滑油脂。

3. 油缸活塞杆的承重链条在长期使用后，有变形伸长的可能，影响升降的控制，可调节________来恢复原有功能。

4. 油缸密封件因长期使用，应注意密封件的________或________，避免油缸失去工作能力，请及时________。

使用与维护小提示：

1. 长期停放　2. 定期　3. 链条连接螺杆　4. 损坏；老化；更换密封件

（三）故障原因分析及排除方法

见表 3-2。

表 3-2　故障原因分析及排除方法

故障	原因分析	排除方法
起升高度达不到设计要求	液压油不够	补足液压油
起升爬行	液压系统内有空气	松开油缸放气阀，启动主机，让油冒出一些来排除缸内空气
起升和下降速度慢	1．油缸密封件老化，失去密封作用，造成油缸漏油 2．油管或油管接头处漏油 3．油路内有杂质，使油路不通畅	1．更换密封件 2．更换油管或接头 3．排除杂质，更换液压油
空载时货叉不能自落	因偏载、超载使用，引起构件变形，造成构件运动时严重摩擦，转动过紧	修复，使构件运转灵活
充电器不能正常工作	1．保险丝烧坏 2．线头脱落或松动 3．充电器与电瓶接线不正确	1．更换保险丝 2．接线应牢固 3．充电器输出端的正负极与电瓶正负极应对应

三、明确工作任务

通过学习手动堆高车的结构、参数以及安全操作等基础知识，结合任务工作情境，请描述工作任务的内容以及手动堆高车安全注意事项。

____

____

____

四、评价

完成课后习题，并根据以下评分标准进行评分。

见表 3-3。

表 3-3　测评表

评价内容	分值	评分		
		自我评价	小组评价	教师评价
是否熟记手动堆高车的基本知识	50			
是否牢记手动堆高车安全操作注意事项	50			
合　计				

学习活动 2　制订计划

1. 学生应能根据任务要求和实际情况，做好工作准备。
2. 学生应能在行驶前正确检查手动堆高车。
3. 学生应能正确操作手动堆高车，完成手动堆高车的起步操作、前进、后退、停车操作、卸货、堆垛上架等基础技能。

建议课时：8 课时

在掌握了手动堆高车的基础知识之后，仓管员小姜对手动堆高车的操作技能还不是很了解。为了能够顺利完成工作任务，他制订了以下工作计划来进一步巩固手动堆高车的操作技能，保证在货品堆垛上架的工作中不出现失误。

一、操作前的检查

为安全操作起见，需进行操作前检查，保证叉车良好状态。仔细检查叉车的各个部件是否正常，并将表 3-4 填写完整。如发现故障，需与专业维修机构联系。

表 3-4　手动堆高车安全检查表

序号	检测项目	内容	检查结果
1	刹车踏板	脚踏板深度刹车力	
2	液力转向操作	各部分的操作性	
3	门架	功能、任何断裂、润滑	
4	升降链条	左、右两链的拉力是否平衡（松紧程度一致）	
5	轮胎	不正常的磨损或损坏	
6	轮毂螺母	安全紧固	
7	护顶架、后靠架	固定螺栓及螺母是否拧紧	
8	其他	任何不正常状况	

二、手动堆高车的起步与停车

（一）实训内容

通过观察教师示范操作，总结手动堆高车起步以及停车操作要领，熟记动作顺序。

起步：关闭卸荷阀，上下摇动手把，此时链条带动货叉缓缓升起。

停车：打开卸荷阀，油缸内的压力油回流到油箱内，活塞杆下降，货叉部件靠自重应能自然下降到底部。

（二）实训评价

完成手动堆高车前进与后退操作后，自主填写实训评价表。

见表 3-5。

表 3-5　手动堆高车起步与停车实训评价表

项目	考核点	配分	扣分	得分
知识技能考核	完成手动堆高车的起步、前进操作	20		
	完成手动堆高车的后退、停车操作	20		
	安全使用手动堆高车	20		
职业素养考核	课程中能充分和老师、同学交流	20		
	能独立完成操作	20		
合计				
自我反思				

三、手动堆高车的卸货操作

（一）实训内容

通过老师示范和讲解，阅读并学习手动堆高车的卸货操作要领后进行操作。

1. 在货叉低位的情况下与货架保持垂直，小心接近货架，然后插入货盘底。
2. 回退堆垛车让货叉移出货盘。
3. 升起货叉到达要求的高度，慢慢移动到待卸货盘处，同时确保货叉容易进入货盘并且货物处在货叉的安全位置上。
4. 提升货叉直到货盘从货架上被抬起。
5. 在通道中慢慢后退。
6. 缓慢放低货物同时确保货叉在降低过程中不接触障碍物。注意：货物升起过程中，转向和刹车操作必须缓慢、小心。

（二）实训评价

见表 3-6。

表 3-6　手动堆高车卸货实训评价表

项目	考核点	配分	扣分	得分
知识技能考核	是否碰撞到货架	30		
	货叉移出货盘是否准确	30		
	安全使用手动堆高车	20		
职业素养考核	课程中能充分和老师、同学交流	10		
	能独立完成操作	10		
合计				
自我反思				

四、手动堆高车的堆垛操作

（一）实训内容

通过老师示范和讲解，阅读并学习手动堆高车的堆垛操作要领后进行操作。

1．保持货物低位，小心接近货架。

2．提升货物到货架平面的上方。

3．慢慢向前移动，当货物处在货架上方时停止，在这个点上放下货盘并注意货叉不给货物底下的货架施力，确保货物处在安全位置。

4．缓慢回退并确保货盘在牢固的位置。

5．放低货叉到堆垛车可以行驶的位置。

（二）实训评价

见表 3-7。

表 3-7　手动堆高车堆垛实训评价表

项目	考核点	配分	扣分	得分
知识技能考核	货物放在货架上是否准确	30		
	货叉移出货盘是否准确	30		
	安全使用手动堆高车	20		
职业素养考核	课程中能充分和老师、同学交流	10		
	能独立完成操作	10		
合计				
自我反思				

学习活动 3　任务实施

1. 学生应能正确完成货物的装卸搬运和堆垛工作。
2. 学生应能结合工作情境，完成货品的上架工作。
3. 学生应能在工作过程中与人良好地交流与合作。

建议课时：12 课时

一、准备工作

勘察物流中心现场

参照工作情境中的仓库布局图，勘察物流中心现场的基本情况（包括货架储位、各个工作区域、通道等），做好手动堆高车行驶路线记录。

记录要点：货物所在储位编码为__________，位于_____区_____层。

叉车行走方向及路线：____。

二、任务实施

按照入库通知单，完成任务。涉及堆垛上架的操作内容，需要运用到之前所学习到的手动堆高车的操作技能。具体的操作步骤如下（见图 3-3～3-9）。

1. 手动堆高车起步，驶离__________。

图 3-3　手动堆高车驶离库位

2．调整好货叉的________，缓慢靠近_________。

图 3-4　手动堆高车靠近托盘

3．利用________叉取托盘，缓慢________托盘。

图 3-5　手动堆高车叉取托盘

4．缓慢驶向________，保持货物________，小心接近货架。

图 3-6　手动堆高车驶入货架

5．行驶至储位前__________处调整叉高，提升货物到货架平面的上方，当托盘对准储位时，慢慢向前移动驶入货位，保证托盘存放位置正确，距离货架边缘保持________的距离，在这个点上放下货盘并注意货叉不给货物底下的货架施力，确保货物处在安全位置。

图 3-7　手动堆高车放下货物

6．确保货物平稳后慢慢取出货叉，确保货盘在牢固的位置，货叉从托盘取出________后方可调整叉高。

图 3-8　手动堆高车从托盘取出货叉

7．放低货叉到堆垛车可以行驶的位置并将手动堆高车驶回__________。

图 3-9　手动堆高车归位

任务实施小提示：

1．停车区域　2．方向；托盘　3．货叉；升起　4．货架；低位　5．30cm；10cm　6．20cm　7．停放区域

三、任务评价

完成工作任务后，填写评价表（见表 3-8）。

表 3-8　测评表

评价内容	分值	评分		
		自我评价	小组评价	教师评价
手动堆高车行驶路线制订是否合理	10			
设备检查是否准确、全面	10			
手动堆高车起步是否严格操作	10			
手动堆高车行驶是否出现不安全操作	10			
托盘是否移位、碰撞	10			
货架是否发生碰撞	10			
手动堆高车是否碰桩、压线	10			
货物是否正确堆垛	10			
停车操作是否正确使用脚刹	10			
设备是否正确、安全归位	10			
合　计				
操作时间				

学习活动 4　评价反馈

1. 学生应能总结出工作过程中的优点与不足。
2. 学生应能对工作过程中的理论、技能和职业素养进行互评和自评。
3. 学生应能在工作后自我反思并做出改进。

建议课时：2 课时

一、学业评价

学业评价见表 3-9。

表 3-9 学业评价

班级：　　　　　　　　姓名：

任务名称：手动堆高车的操作			日期：			
项目	考核点		分值	个人评分	小组评分	教师评分
知识技能考核	了解手动堆高车的日常检查工作		10			
	手动堆高车的安全操作		10			
	手动堆高车的起步停车		10			
	手动堆高车的卸货操作		10			
	手动堆高车的堆垛操作		10			
	工作任务	堆垛上架	20			
职业素养考核	课前	做好预习工作	10			
	课中	能良好地与老师、同学沟通交流	10			
		独立完成实训任务	5			
	课后	能够查找自身不足并改进	5			
合计						
自我反思						

二、学习总结

学习者对本学习任务的掌握情况，简要说明做得好的方面以及不足之处。见表 3-10。

表 3-10 学习总结

学习任务四

电瓶式平衡重式叉车的日常检查

学习目标

1. 学生应能正确说出叉车的结构以及常见的属具名称。
2. 学生应能准确解读叉车的技术参数。
3. 学生应能准确描述工作任务的内容和要求。
4. 学生应能熟记叉车日常检查项目的内容。
5. 学生应能根据工作情景和任务内容，合理制订出工作计划。
6. 学生应能按照计划完成操作前的准备工作。
7. 学生应能独立完成叉车的检查和维护工作。
8. 学生应能准确填写叉车日常检查（维护）记录单。
9. 学生应能准确发现叉车存在的问题，并提出解决方法。
10. 学生应能在工作过程中与人良好地交流与合作。
11. 学生应能总结出工作过程中的优点与不足。
12. 学生应能对工作过程中的理论、技能和职业素养进行互评和自评。
13. 学生应能在工作后自我反思并做出改进。

建议课时：20 课时

工作情景描述

小姜是某物流中心新来的一名叉车工，上班第一天主管带领小姜参观物流中心，介绍相关的工作流程和设备情况，并安排小姜负责完成电瓶式平衡重式叉车的日常检查工作。

工作流程与活动

1. 任务发布。
2. 制订计划。
3. 任务实施。
4. 评价反馈。

学习活动1 任务发布

1. 学生应能正确说出叉车的结构以及常见的属具名称。
2. 学生应能准确解读叉车的技术参数。
3. 学生应能准确描述工作任务的内容和要求。

建议课时：4课时

某物流中心的主管带领新进叉车工小姜熟悉叉车的一些设备情况，并安排小姜对叉车进行检查，为明天装卸货物做准备。

一、认识叉车的结构和参数

（一）叉车总体结构

叉车的总体结构主要由四个部分组成，分别是动力装置、起重工作装置、叉车底盘（包括传动系统、转向系统、制动系统、行驶系统）和电器设备（见图4-1。）。

图4-1 叉车总体结构图

1．动力装置：

叉车的动力装置一般由发动机、冷却系统和润滑系统三部分组成，为叉车装置装卸货物和正常运行提供所需动力，一般装于叉车的后部，起平衡配重作用。

查阅相关资料，结合以下图片（见图4-2～4-4），将各部分结构的名称补充完整。

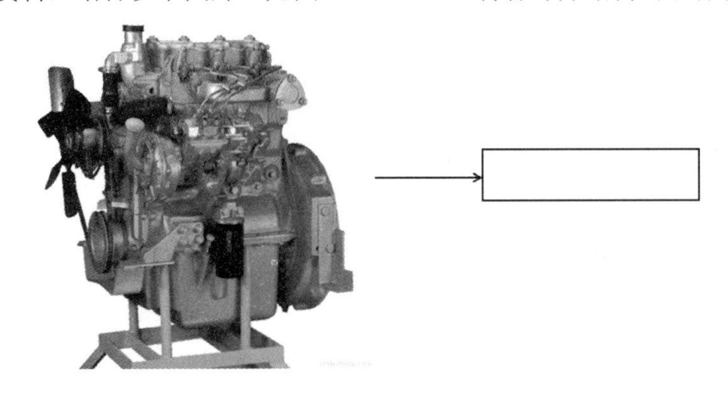

图4-2

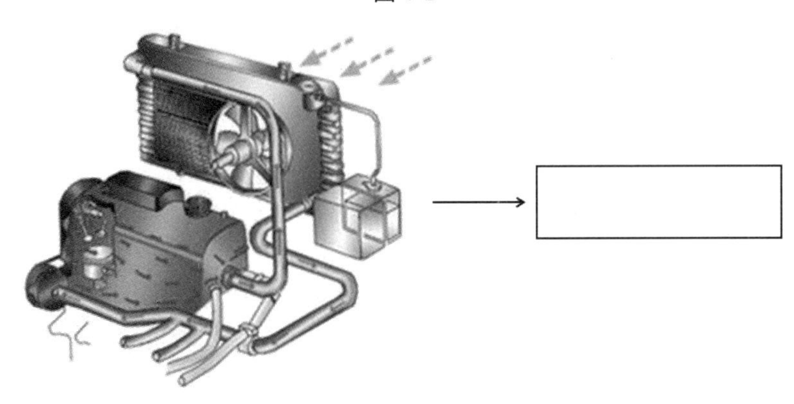

图4-3

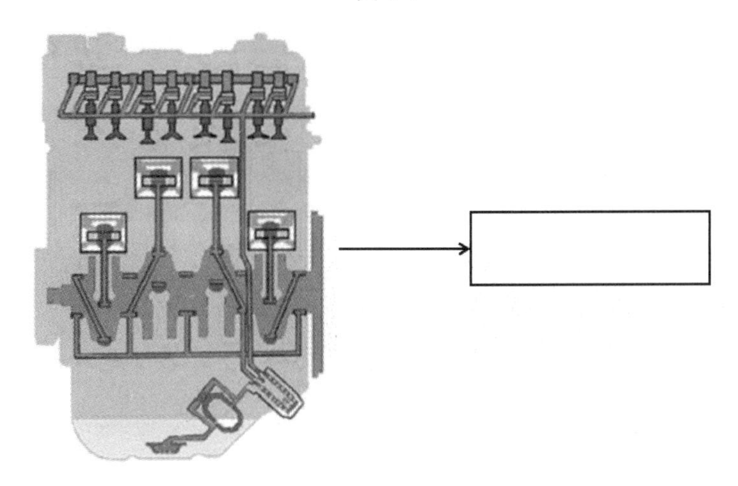

图4-4

2．起重工作装置：

叉车的起重工作装置由货叉、滑架（又称叉架）、内外门架、链条和滚轮等部分组成。起重工作装置直接承受货物的质量，完成货物的叉取、卸放、升降、堆垛等装卸作业（见图 4-5）。

图 4-5 叉车起重工作装置

3．叉车底盘：

叉车底盘由传动系统、转向系统、制动系统和行驶系统四部分组成（见图 4-6～4-8）。

（1）传动系统。

传动系统的主要作用是将动力装置发出的动力高效、经济可靠地传给驱动车轮。

（2）转向系统。

转向系统的作用是改变叉车的行驶方向或保持叉车直线行驶。

图 4-6 转向系统

（3）制动系统。

制动系统的作用是使叉车能够迅速地减速或停车，并使其能够稳定地停放在适当的地方，防止溜车。

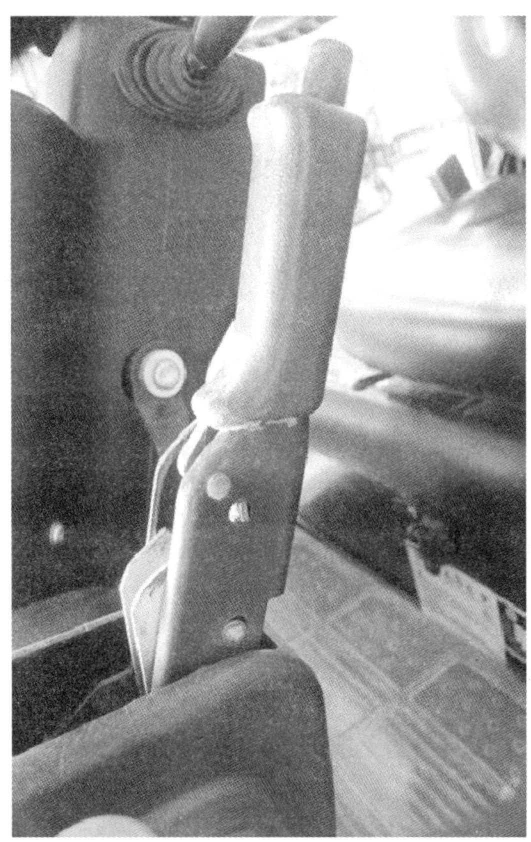

图 4-7　手刹

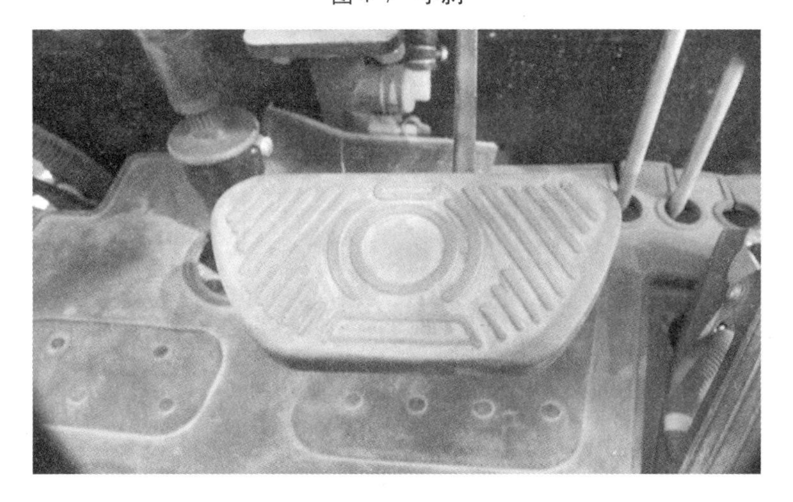

图 4-8　脚刹

（4）行驶系统。

行驶系统承受并传递作用在叉车车轮和路面间的力和力矩，缓和路面对叉车的冲击，减轻叉车行驶时的振动。

4．电器设备：

电器设备包括发电设备和用电设备，主要由发电机、启动机、蓄电池、照明、仪表等部分组成。

叉车总体结构小提示：1．发动机　2．冷却系统　3．润滑系统

（二）叉车常见属具

属具是指附加或替代叉车的货叉装卸装置，以扩大叉车对特定物料的装卸范围，具有提高装卸效率、保障操作安全性、减少货物损耗等使用意义。

查阅相关资料，结合以下图片（见图4-9～4-18），将下列各属具的名称补充完整。

图4-9

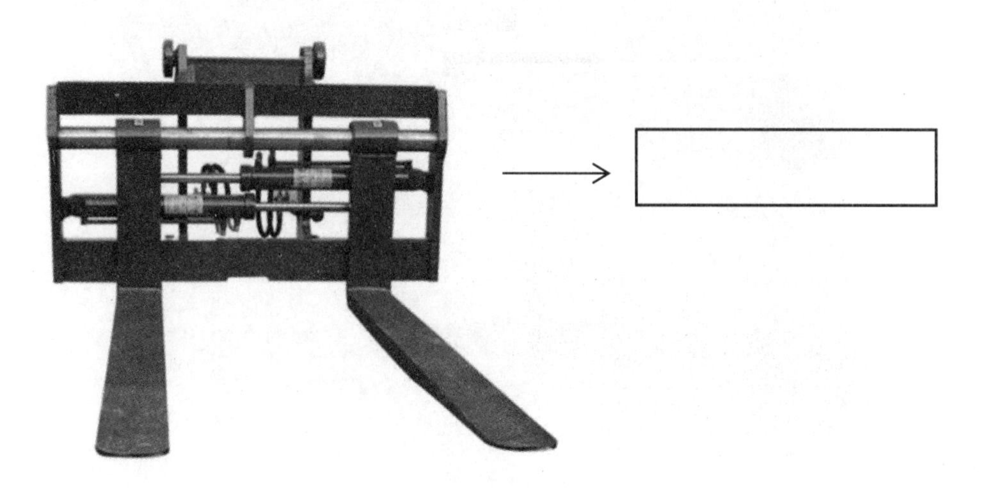

图4-10

图 4-11

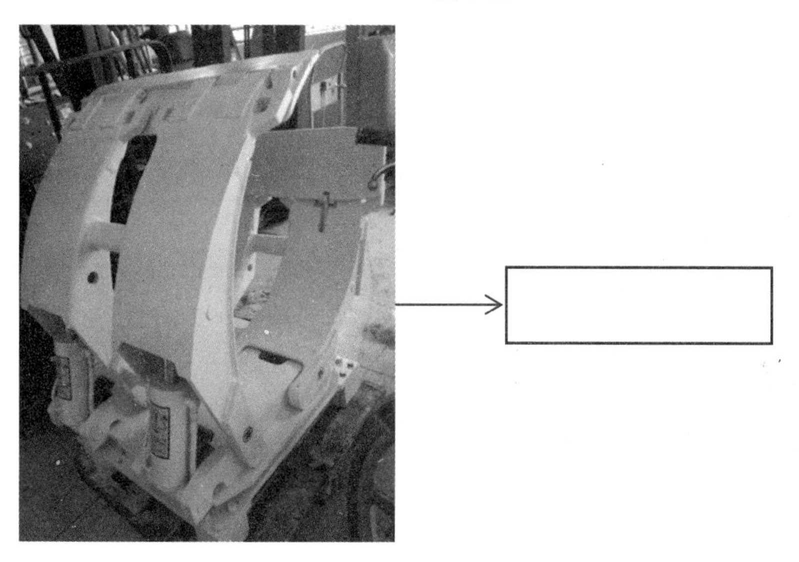

图 4-12

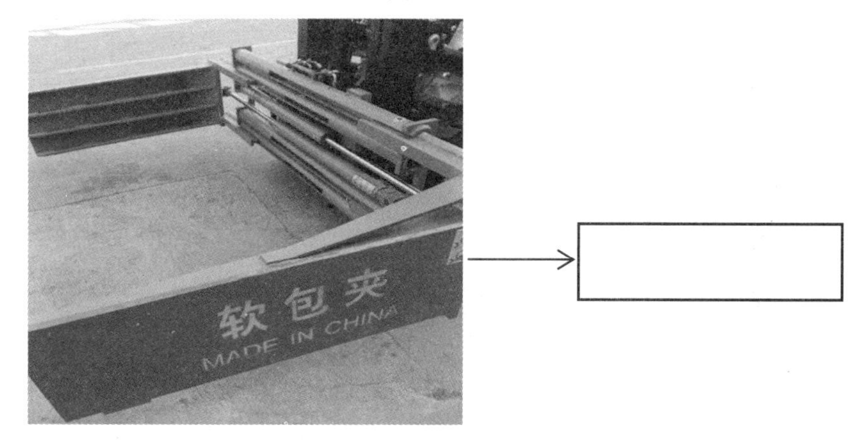

图 4-13

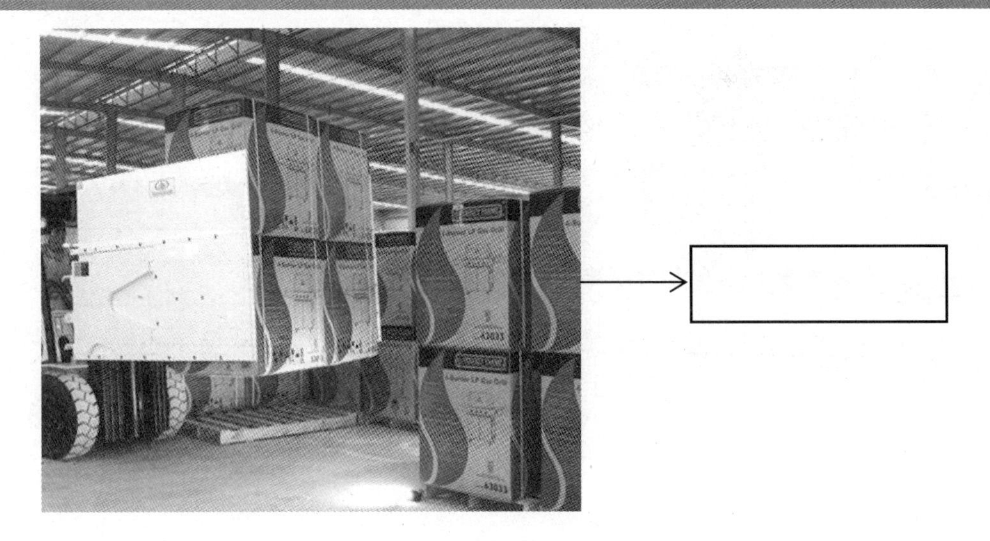

图 4-14

图 4-15

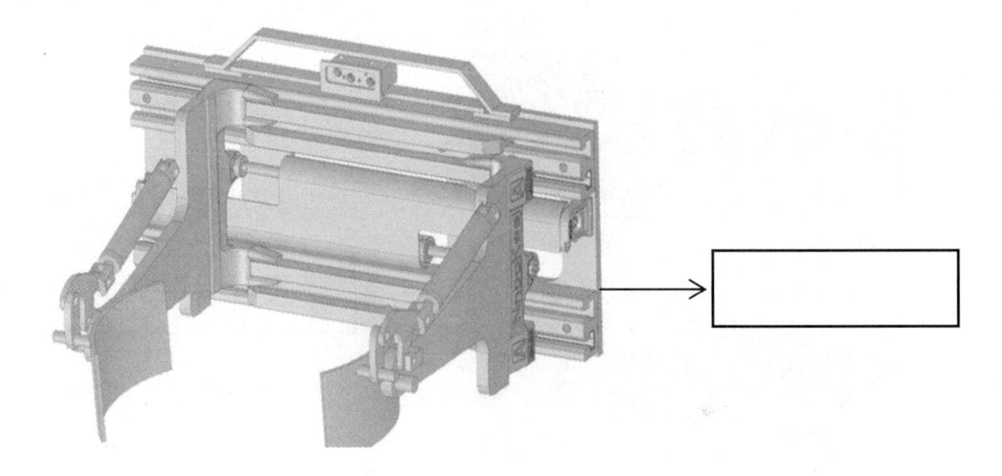

图 4-16

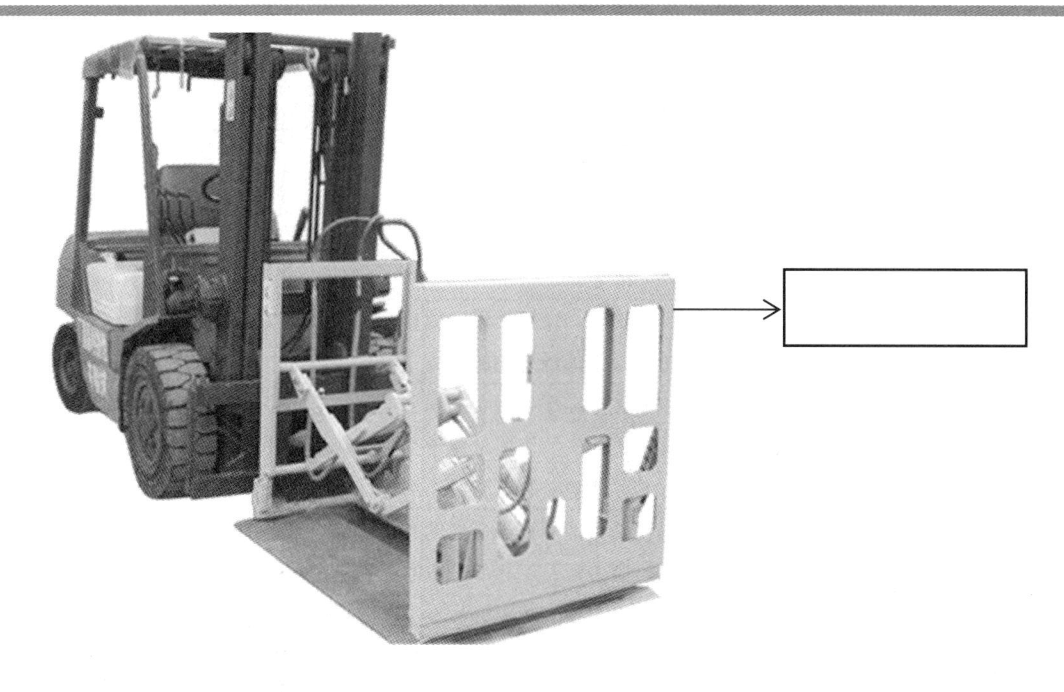

图 4-17

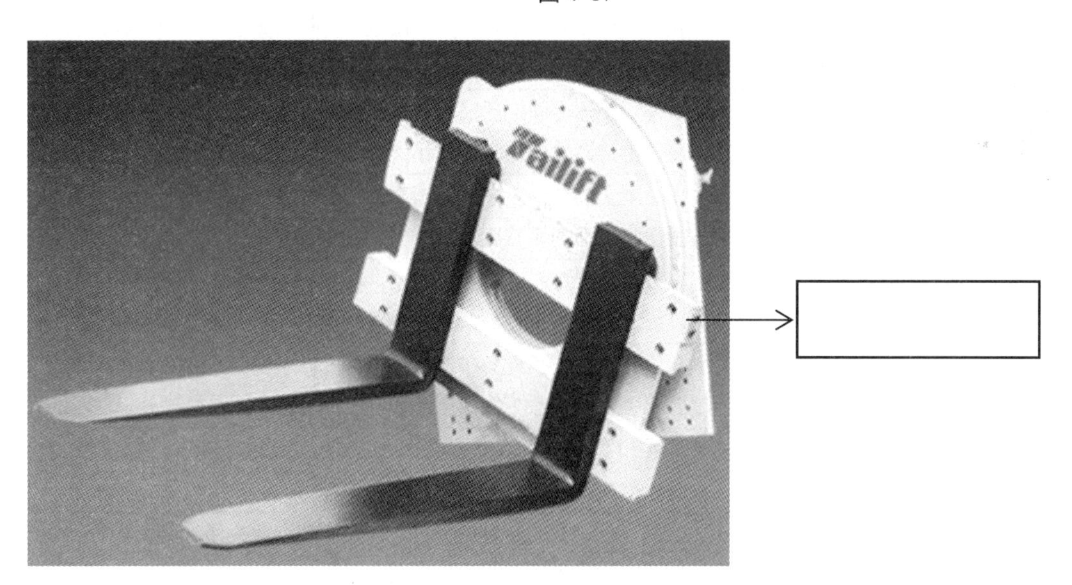

图 4-18

叉车常见属具小提示：1. 侧移叉　2. 调距叉　3. 前移叉　4. 纸卷夹　5. 软包夹　6. 多用平（大面）夹　7. 烟包夹　8.（倒）桶夹　9. 推拉器　10. 旋转器

（三）叉车的参数

叉车的技术参数能反映叉车的性能和结构特征。表 4-1 是对叉车参数的详细描述。

表 4-1　叉车的技术参数

1．额定起重量	指货叉上的货物重心位于规定的载荷中心距以内，叉车应能举升的最大质量单位，以 t（吨）表示
2．载荷中心距	指在货叉上放置标准的货物时，其重心到货叉垂直段前表面的水平距离，以 mm 表示
3．最小转弯半径	指将叉车的转向轮转至极限位置，并以最低稳定速度做转弯运动时，其瞬时中心距车体最外侧的距离
4．门架倾角	指无载的叉车在平坦坚实的地面上，门架相对其垂直位置向前或向后的最大倾角。前倾的作用是便于叉取和卸放货物；后倾的作用是当叉车带货运行时，预防货物从货叉上滑落
5．轴距和轮距	轴距是指叉车前后桥中心线的水平距离。轮距是指同一轴上左右轮中心的距离。增大轴距有利于叉车的纵向稳定性，但会使车身长度和最小转弯半径增加。增大轮距有利于叉车的横向稳定性，但会使车身总宽和最小转弯半径增加
6．前悬距	指前桥中心到货叉前端面的垂直距离
7．桥载	驱动桥和转向桥各自所承受的整车质量，它有满载桥负荷和空载桥负荷之分
8．最小离地间隙	指车轮以外，车体上固定的最低点至地面的距离，它表示叉车无碰撞地越过地面凸起障碍物的能力。最小离地间隙越大，叉车的通过性越好
9．最大起升高度	指在水平、坚实的地面上，叉车满载，货物升至最高位置时，货叉水平段的上表面离地面的垂直距离
10．最大起升速度	指叉车满载时，货物起升的最大速度，以 m/min 表示。提高最大起升速度，可以提高作业效率；但起升速度过快，容易发生货损和机损事故
11．最大下降速度	指叉车在停止状态下，货叉在最大起升高度时下降到地面所需的平均下降速度。国家规定满载下降速度不得大于 600mm/s
12．最大行驶速度	指变速器在最高挡位时，叉车在平直道路上行驶能达到的最高行驶速度。行驶速度对叉车的作业效率有很大影响
13．满载最大爬坡度	指货叉上载有额定载荷货物的叉车，以最低稳定速度所能爬上的长为规定值的最陡坡道的坡度值，用百分数表示
14．最小直角通道宽度	指叉车在直角转弯时所需要的最小安全通过距离，以 mm 表示。一般直角通道最小宽度越小，性能越好
15．堆垛通道最小宽度	指叉车在正常作业时，通道的最小宽度
16．最大制动距离	指叉车在无载状态下，以最大速度行驶时的制动距离。国家标准规定，叉车的最大制动距离不得大于 6m

二、明确工作任务

通过学习叉车的结构、常见属具和参数等基础知识，结合任务内容，请描述工作任务的内容以及注意事项。

____

____

____

____

____

学习活动 2　制订计划

1. 学生应能熟记叉车日常检查项目的内容。
2. 学生应能根据工作情景和任务内容，合理制订出工作计划。

建议课时：6 课时

一、叉车日常检查项目

为安全操作起见，需对叉车进行日常检查，保证叉车的良好状态。表 4-2 是叉车日常维护检查的内容。

表 4-2　叉车日常检查项目

序号	检 测 项 目	内　　容
1	安全检测器	打开钥匙开关，“MONITORING OK”显示
2	顶灯、选件灯和喇叭	开关、声响
3	刹车踏板	脚踏板深度刹车力
4	方向盘转动	转动的松紧度及操作状况
5	电力（液力）转向操作	各部分的操作性
6	门架	功能、任何断裂、润滑
7	油管	是否漏油
8	液压油	是否适量
9	升降链条	左、右两链的拉力是否平衡（松紧程度一致）
10	轮胎	不正常的磨损或损坏（部分叉车的气压大小）
11	轮毂螺母	安全紧固
12	电量和充电	检查电瓶容量显示器状况、比重及插头连接是否正确
13	护顶架、后靠架	固定螺栓及螺母是否拧紧
14	激光指示器	激光束的轴心
15	其他	任何不正常状况

想一想？

1. 叉车电量在什么范围内属于电量不足需要进行充电处理？
2. 叉车轮胎应如何检查？什么情况下需要进行轮胎充气处理？

二、制订叉车日常检查工作计划表

结合学习活动 1 的任务内容和学习知识，请制订出叉车日常检查的工作计划，完成以下内容的填写。

见表 4-3。

表 4-3　叉车日常检查工作计划表

检查人		检查时间	
检查顺序	检查项目	检查内容	

续表

检查顺序	检查项目	检查内容
检查所需的工具		

学习活动3　任务实施

1. 学生应能按照计划完成操作前的准备工作。
2. 学生应能独立完成叉车的检查和维护工作。
3. 学生应能准确填写叉车日常检查（维护）记录单。
4. 学生应能准确发现叉车存在的问题，并提出解决方法。
5. 学生应能在工作过程中与人良好地交流与合作。

建议课时：8课时

一、准备工作

根据学习活动2里制订的叉车日常检查工作计划表，准备检查所需要的工具，并将叉车规范停放在车库里，方便对其进行检查。

二、任务实施

根据叉车日常检查工作计划表，按检查顺序逐一对叉车进行检查，并详细记录检查结果，检查结束后填写叉车日常检查（维护）记录单（表 4-4）。

表 4-4 叉车日常检查（维护）记录单

设备名称			
检查时间		检查负责人	
序号	检查项目	检查内容	检查结果
解决方法			

学习活动 4 评价反馈

1. 学生应能总结出工作过程中的优点与不足。
2. 学生应能对工作过程中的理论、技能和职业素养进行互评和自评。
3. 学生应能在工作后自我反思并做出改进。

建议课时：2 课时

一、学业评价

见表 4-5。

表 4-5　学业评价

班级：　　　　　　　　姓名：

任务名称：电瓶式平衡重式叉车的日常检查			日期：			
项目	考核点		分值	个人评分	小组评分	教师评分
知识技能考核	检查顺序是否合理		10			
	检查项目是否全面		10			
	检查过程是否出现不安全操作		10			
	检查结果是否准确、详细		20			
	解决方法是否正确		10			
职业素养考核	课前	做好预习工作	10			
	课中	能良好地与老师、同学沟通交流	10			
		独立完成实训任务	10			
	课后	能够查找自身不足并改进	10			
合计						
自我反思						

二、学习总结

学习者对本学习任务的掌握情况，简要说明做得好的方面以及不足之处。

见表 4-6。

表 4-6　学习总结

学习任务五

电瓶式平衡重式叉车的充电与电池保养

1．学生应能通过观看微课视频掌握电瓶式平衡重式叉车充电以及补充电瓶电解液的操作流程。
2．学生应能准确描述工作任务的内容和要求。
3．学生应能正确认识叉车电瓶使用规范中的各项要素。
4．学生应能正确认识叉车充电的安全注意事项。
5．学生应能根据任务要求和实际情况，合理制订工作计划。
6．学生应能正确进行叉车电瓶的充电工作。
7．学生应能正确进行叉车电瓶的电解液补充工作。
8．学生应能在工作过程中与人良好地交流与合作。
9．学生应能总结出工作过程中的优点与不足。
10．学生应能对工作过程中的理论、技能和职业素养进行互评和自评。
11．学生应能在工作后自我反思并做出改进。

建议课时：14 课时

工作情景描述

小姜使用物流中心的电瓶式平衡重式叉车进行仓库货物装卸工作，工作结束后发现叉车的电量不足，且叉车电池的电解液含量过低，需要对叉车电池进行充电以及维护保养。

1．任务发布。
2．制订计划。
3．任务实施。
4．评价反馈。

学习活动1　任务发布

1.学生应能通过观看微课视频掌握电瓶式平衡重式叉车充电以及补充电瓶电解液的操作流程。
2. 学生应能准确描述工作任务的内容和要求。

建议课时：2 课时

叉车工小姜结束一天的货物装卸工作，将叉车归位后发现叉车电量较低，需要对叉车进行充电，否则无法满足继续装卸货物的要求。小姜打开叉车电瓶进行检查，发现此时电瓶中的电解液含量不足，为保护叉车电瓶，需要给电瓶补充电瓶电解液。

一、观看微课视频

观看电瓶式平衡重式叉车充电以及补充电瓶电解液的微课视频。

想一想?

1. 叉车充电器的额定电压是多少？正常 220V 电压可以给叉车充电吗？
2. 在补充电瓶电解液过程中是需要穿戴设备，还是可以用手直接操作？

二、明确任务

通过学习叉车电瓶使用规范中的各项要素和电瓶充电时的注意事项，结合任务内容，请描述工作任务的内容以及注意事项。

____

____

____

____

学习活动 2　制订计划

1. 学生应能正确认识叉车电瓶使用规范中的各项要素。
2. 学生应能正确认识叉车充电的安全注意事项。
3. 学生应能根据任务要求和实际情况，合理制订工作计划。

建议课时：2 课时

一、叉车电瓶的使用规范

见表 5-1。

表 5-1　叉车电瓶的使用规范

序号	内容	使用规范
1	远离火种	禁止火焰接近电瓶，电瓶内部会产生爆炸性气体；吸烟、火焰及火花，均会引起电瓶爆炸
2	小心触电	电瓶带有高电压和能量，当处理电瓶时，要戴护目镜、穿胶鞋和戴橡皮手套，严禁引起短路
3	正确接触	严禁将电瓶的正、负极调乱，否则会导致火花、燃烧或爆炸的发生
4	远离工具	严禁让工具接近电瓶两极，以免引起火花或短路
5	严禁过量放电	严禁让叉车的电量耗至叉车不能移动时才进行充电（会引致电池寿命缩短）。当电瓶负荷显示器显示无电时，请立刻进行充电
6	保持清洁	保持电瓶上表面干净。严禁使用干布擦电瓶表面，以免引起静电。清洁电瓶要戴护目镜、穿胶鞋和戴橡皮手套。清洁电瓶后，才能进行充电
7	穿着安全服	为了个人安全，需佩戴护目镜、穿胶鞋和戴橡皮手套
8	小心电瓶电解液	电瓶电解液含有硫酸，严禁让皮肤接触，若与之接触可能造成烧伤。发生意外时，请立即进行急救并请医生治疗
9	拧紧电瓶通风盖	拧紧电瓶通风盖，以防泄漏电解液
10	清洗电瓶	严禁在叉车上清洗电瓶，以免损坏叉车

续表

序号	内容	使用规范
11	不正常的电瓶	如电瓶发生下列情况，应立即与电瓶生产商联系 ①电瓶发臭　②电解液变浊 ③电解液减少速度过快 ④电解液温度过高
12	严禁拆解电瓶	不得让电解液耗尽、拆卸或自行维修电瓶
13	储存	将电瓶储存在无烟火、通风良好及干燥的地方
14	使用	叉车使用完毕后，立即关闭叉车开关，拔下钥匙

想一想？

使用干布擦电瓶表面会引起静电，是否可以使用湿布清洁电瓶？为什么？

二、充电时的注意事项

见表5-2。

表5-2　充电时的注意事项

序号	内容	注意事项
1	当电解液量低时，严禁使用叉车	每周检查电解液量一次，当电解液量低时，补充精练水至指定量
2	提防触电	当充电时，充电器存有高电压和能量，所以充电时严禁接触电瓶正负极或变压器
3	检查电线及插座	充电前，先检查电线及插座；当电线或插座受损时，不能充电
4	在通风良好的场地充电	充电时，电瓶会产生爆炸性气体，所以需在特许及通风良好的场地充电
5	检查比重	充电前，先检查各单元比重
6	中断充电	当中断充电时，先按充电器上的停止键（STOP），才可拔下插头。若不遵守会引致触电或电瓶闪火，发生爆炸
7	充电方法	普通充电：一天工作结束后充电，或耗电显示器的“E”方块亮起
		均等充电：每两周（并检查电解液量及比重）
		补充充电：休息时间
		贮存充电：在贮存前（贮存期间，每15～30日）进行均等充电一次
8	充电器	定期检查充电器的电线及插头。当电线或插头受损时，切勿使用充电器
		禁止在高温度的场地进行充电（如雨雪可及的地方），否则可引起短路或燃烧
		充电器的设计，只适用于叉车充电，不能用于其他充电
		严禁改装或拆卸充电器
		严禁使用充电器对多个电瓶做连续性的充电，否则会导致过热，以致损坏充电器

想一想?

1．如何检查叉车电瓶的电解液量？什么情况下是电解液量低？

2．充电时先打开充电器开关再接入电瓶接头，还是先连接好接头再打开充电器开关？

三、制订计划

通过学习以上内容，请结合任务内容，制订出任务工作计划，完成电瓶式平衡重式叉车的充电与电池保养计划表（表 5-3、5-4）的填写。

表 5-3　电瓶式平衡重式叉车的充电工作计划表

设备名称		充电负责人	
充电开始前电量		充电结束后电量	
充电开始时间		充电结束时间	
准备工具			
充电流程			
充电注意事项			

表 5-4　电瓶式平衡重式叉车电池保养工作计划表

设备名称		保养内容	
保养时间		保养负责人	
准备工具			
操作流程			
操作注意事项			

学习活动 3　任务实施

1．学生应能正确进行叉车电瓶的充电工作。
2．学生应能正确进行叉车电瓶的电解液补充工作。
3．学生应能在工作过程中与人良好地交流与合作。

建议课时：8 课时

一、准备工作

请根据学习活动2里制订的电瓶式平衡重式叉车的充电与电池保养工作计划表，准备所需要的工具，对电瓶式平衡重式叉车进行充电和补充电瓶电解液操作。

二、任务实施

（一）充电步骤

1．将叉车开至指定的充电位置。

2．关闭钥匙开关并取出钥匙。

3．打开电瓶盖。

4．拔下电瓶插头。

5．将充电器的充电插头接到电瓶上。

6．将充电器的电源插头接到入墙插座上。此时自动及均等充电灯同时亮起。如果自动及均等充电灯不亮时，检查充电的电线是否接好。

7．按下自动充电按钮。自动充电灯亮起时，均等充电灯熄灭。

8．当充电完毕后，四个等灯（红色）将会同时亮起。

9．将电瓶插头和充电器的电源插头断开。

10．关闭电瓶盖并锁上电瓶盖门。

11．充电时，需分开充电器插头、电源插头及电瓶插头。

12．充电时，严禁操作叉车上的控制杆。

13．当终止充电时，按下停止按钮。

想一想？

1．给叉车电瓶充电直至满电状态，一般需要几个小时？是否可以过夜充电？

2．充电时，是否需要打开电瓶单元的通风盖？请说明理由。

对电瓶式平衡重式叉车进行充电，并填写表5-5。

表5-5 电瓶式平衡重式叉车的充电记录表

设备名称		充电负责人	
充电开始前电量		充电结束后电量	
充电开始时间		充电结束时间	
充电过程情况记录			

（二）补充电解液量步骤

为了安全，操作需戴护目镜、穿胶鞋和戴橡皮手套。可通过通风盖的浮标，读取电解液水平位置。

1．打开所有电瓶单元的通风盖。

2．补充电解液到每个电瓶单元内。

3．当红色浮标起，白线可见时，停止补充。切勿超过指定的最高水平。补充过量，会造成电解液泄漏，当充电时会损坏叉车。

4．补充完后，盖紧瓶盖及通风盖。

5．用一块湿布擦干净每个电瓶单元的顶部。

想一想?

当电解液不慎掉落人的皮肤或眼睛，应该如何进行急救处理？

对电瓶式平衡重式叉车电池进行保养，并填写表5-6。

表5-6　电瓶式平衡重式叉车电池保养记录表

设备名称		保养内容	
保养时间		保养负责人	
保养过程情况记录			

学习活动4　评价反馈

1．学生应能总结出工作过程中的优点与不足。
2．学生应能对工作过程中的理论、技能和职业素养进行互评和自评。
3．学生应能在工作后自我反思并做出改进。

建议课时：2课时

一、学业评价

学业评价见表5-7。

表 5-7　学业评价

班级：　　　　　　　姓名：

任务名称：电瓶式平衡重式叉车的充电与电池保养			日期：			
项目	考核点		分值	个人评分	小组评分	教师评分
知识技能考核	充电步骤是否正确、合理		15			
	补充电瓶电解液步骤是否正确、合理		15			
	充电过程是否出现不安全操作		10			
	补充电瓶电解液过程是否出现不安全操作		10			
	工作计划制订是否正确、合理		10			
职业素养考核	课前	做好预习工作	10			
	课中	能良好地与老师、同学沟通交流	10			
		独立完成实训任务	10			
	课后	能够查找自身不足并改进	10			
合计						
自我反思						

二、学习总结

学习者对本学习任务的掌握情况，简要说明做得好的方面以及不足之处。
见表 5-8。

表 5-8　学习总结

学习任务六

电瓶式平衡重式叉车的移库

1．学生应能通过工作任务情景和现场勘察，明确工作任务要求。
2．学生应能准确描述工作任务的内容和要求。
3．学生应能正确进行叉车起步停车、按照既定路线行驶、倒车入库及侧方移位等操作。
4．学生应能根据任务要求和实际情况，合理制订工作计划。
5．学生应能结合工作情景，完成叉车的移库。
6．学生应能在工作过程中与人良好地交流与合作。
7．学生应能总结出工作过程中的优点与不足。
8．学生应能对工作过程中的理论、技能和职业素养进行互评和自评。
9．学生应能在工作后自我反思并做出改进。

建议课时：28 课时

工作情景描述

某物流中心现在需要对场地进行清洁整理，由员工小姜负责将叉车从 A 库移至 B 库。

1．任务发布。
2．制订计划。
3．任务实施。
4．评价反馈。

学习活动1　任务发布

1. 学生应能通过工作任务情景和现场勘察，明确工作任务要求。
2. 学生应能准确描述工作任务的内容和要求。

建议课时：2 课时

一、任务内容

现在为了配合物流中心清理整顿场地，需要将叉车从 A 库驾驶至 B 库的停车位存放，叉车行驶的场地线路图如图 6-1 所示，其中运用到叉车的起步停车、按照既定路线驾驶叉车，以及倒车入库和侧方停车等基本技能。

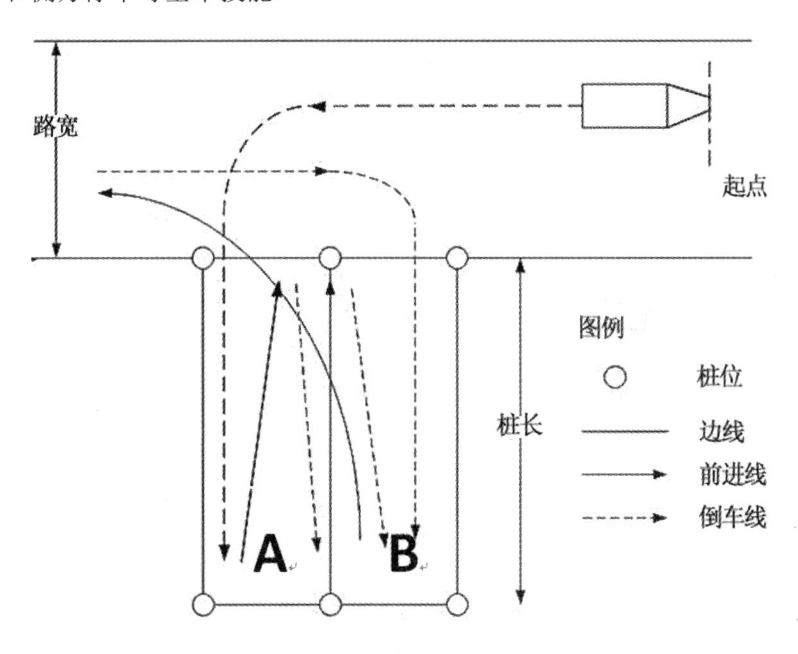

图 6-1　叉车行驶的场地线路图

二、明确任务

结合实际任务内容，描述出本节课的操作任务。

学习活动 2　制订计划

学习目标

1. 学生应能正确进行叉车起步停车、按照既定路线行驶、倒车入库及侧方移位等操作。
2. 学生应能根据任务要求和实际情况，合理制订工作计划。

建议课时：12 课时

一、叉车的起步停车

通过观察教师示范操作，总结叉车起步以及停车操作要领，熟记动作顺序，将表 6-1 填写完整后上车操作。

表 6-1　叉车起步与停车流程

<table>
<tr><td colspan="3">叉车起步操作流程</td></tr>
<tr><td>图解</td><td colspan="2">操作流程</td></tr>
<tr><td rowspan="4">1-液晶仪表；2-方向盘；3-喇叭按钮；4-钥匙开关；5-起升手柄；6-倾斜手柄；7-制动踏板；8-加速踏板；9-方向开关手柄；10-停车制动手柄</td><td colspan="2">注意事项：
平稳起步的关键在于制动踏板和加速踏板的配合。制动踏板与加速踏板的配合要领：左脚快抬听声音，音变车抖稍一停，右脚平稳踏加速（踏板），左脚慢抬车前进</td></tr>
<tr><td>1. 控制踏板</td><td>左脚迅速踏下______踏板</td></tr>
<tr><td>2. 挂挡</td><td>若前进，换向杆挂入______挡；
若后退，换向杆挂入______挡</td></tr>
<tr><td>3. 起步</td><td>（1）松开驻车______、______、______；
（2）在慢慢抬起______的同时，平稳地踏下__________，使叉车慢慢起步</td></tr>
<tr><td colspan="3">叉车停车操作流程</td></tr>
<tr><td>图解</td><td colspan="2">操作流程</td></tr>
<tr><td rowspan="4">1-电瓶电量；2-工作时间；3-故障代码；4-停车制动手柄拉起指示灯</td><td colspan="2">注意事项：
（1）减速靠右，车身摆正。拉紧制动放空挡，踏板松开再关灯；
（2）把握平稳停车的关键在于根据车速的快慢适当地运用制动踏板，特别是要停住时，要适当放松一下踏板。方法包括轻重轻、重轻重间歇制动和一脚制动等</td></tr>
<tr><td>1. 控制踏板</td><td>（1）松开______，打开______转向灯，徐徐向停车地点停靠；
（2）踏下______，当车速较慢时踏下__________，使叉车平稳停下</td></tr>
<tr><td>2. 挂挡</td><td>拉紧______，将变速杆和方向操纵杆移到__________</td></tr>
<tr><td>3. 停车熄火</td><td>松开离合器踏板和______，关闭转向灯和______，将__________拉出后再关上</td></tr>
</table>

叉车起步小提示：1．离合器 2．前进；倒 3．（1）制动操纵杆；打转向灯；鸣笛（2）离合器踏板；加速踏板

叉车停车小提示：1.（1）加速踏板；右 （2）制动踏板；离合器踏板 2．驻车制动杆；空挡 3．制动踏板；点火开关；熄火拉钮

二、按照既定路线行驶叉车

（一）L 形路线

通过老师示范和讲解，学习行驶 L 形路线的操作要领，完成以下内容的填写后上车操作。见表 6-2。

表 6-2 叉车行驶 L 形路线操作要领

叉车 L 形前进操作	1．车辆进入 L 形区域时，应尽量靠近________边线，内侧车轮与内侧边线应保持约________的距离，并保持平行前进。距离直角 1～2m 处_______。待门架与折转点平齐时，迅速向左（右）转动转向盘，使叉车内前轮绕直角转动，直到后轮将越过_______边线时，再回转转向盘。把方向回正后，按新的行进方向行驶，完成此次前进操作
叉车 L 形后退操作	2．叉车_______沿外侧行驶，为前轮留下安全行驶距离。当叉车_______线与直角点对齐时，迅速向左（右）转动转向盘到极限位置，待前轮过_______时立即回转方向摆正车身，继续后退行驶

L 形路线小提示：1．内侧；10cm；减速慢行；外侧 2．后轮；横向中心；直角点

（二）U 形路线

U 形路线行驶图如图 6-2 所示，通过老师示范和讲解，学习行驶 U 形路线的操作要领，完成以下内容的填写后上车操作。

见表 6-3。

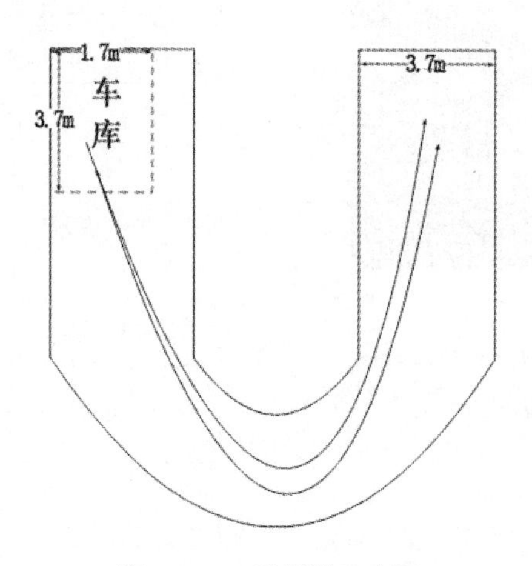

图 6-2 U 形场地示意图

表 6-3　叉车行驶 U 形路线操作要领

1. 叉车 U 形前进操作	(1) 叉车直线行驶至_______，打开转向灯并向_______打方向盘，待车头摆正后，回正方向盘； (2) 叉车通过下一个转弯处，再次打开转向灯并向_______打方向盘，待车头摆正后，回正方向盘； (3) 叉车继续沿直线驶到终点
2. 叉车 U 形后退操作	(1) 叉车沿直线_______行驶至转弯处，打左或右转向灯并向左或向右打方向盘，待车头摆正后，回正方向盘； (2)叉车倒车行驶至下一个转弯处，再次打左或右转向灯并向左或向右打方向盘。待车头摆正后，回正方向盘； (3) 叉车继续倒退驶到终点

U 形路线小提示：1. 前进操作：(1) 转弯；左　(2) 左　2. 后退操作：(1) 倒退

(三) S 形线路

叉车的 S 形路线操作主要是训练驾驶员对方向盘的使用和对叉车行驶方向的控制。S 形路线行驶图如图 6-3 所示，通过老师示范和讲解，学习行驶 S 形路线的操作要领，完成以下内容的填写后上车操作。

见表 6-4。

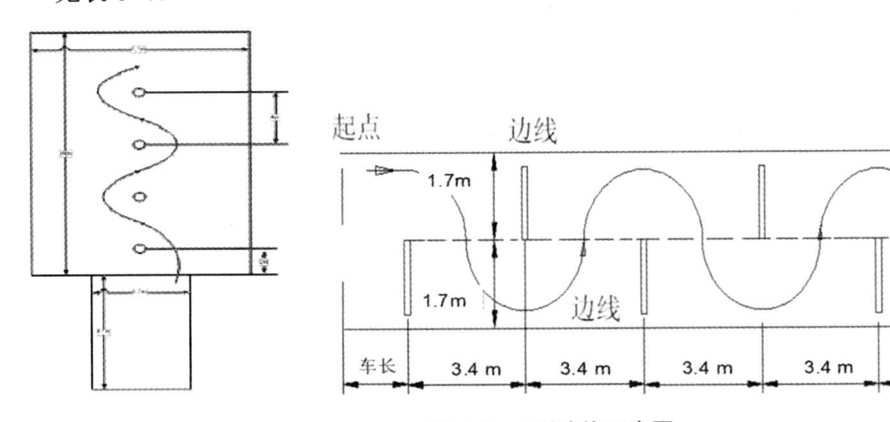

图 6-3　S 形路线示意图

表 6-4　叉车行驶 S 形路线操作要领

1. 叉车 S 形前进操作	(1) 叉车由 S 形场地顶端驶入，保持_______行驶； (2) 叉车稍靠近_______行驶，内前轮尽量靠近_______，随内圆变换方向，避免外侧刮碰或压线
2. 叉车 S 形后退操作	叉车后倒时，后外轮应靠近_______，随外圈变换方向，如同转大弯一样，随时修正方向

S形路线小提示：1. 前进操作：（1）匀速　（2）内侧；内圆线　2. 后退操作：外圈

三、倒车入库和侧方移位

（一）叉车倒车入库

1. 前进选位停车。

叉车挂__________起步后，稳速前进，使叉车靠左（右）车库一侧行驶（注意留足车与车库之间的距离）。待方向盘与__________对齐时，迅速向右（左）将方向盘转足，使叉车向车库前方行驶。当叉尖距车库对面路边线__________左右时，迅速回转方向盘，并随即停车脱挡。

2. 后倒入库。

后倒前，先调整好驾驶姿势，选好目标。叉车起步后，向右（左）转动方向盘缓慢后倒。当叉车__________进入车库时，应及时向左（右）回转方向，并前后观察，及时__________，使车身保持正直倒进库内。回正车轮后，立即停车。

叉车倒车入库小提示：1. 低速挡；库门；1m　2. 尾部；修正方向

（二）侧方移位

1. 第一次前进，叉车起步后，应向__________转动方向盘（以右后轮不压线为界），待货叉__________前端距标线1m时，迅速__________转动方向盘，使车尾向左摆。当车头稍向右偏，或叉尖距标线_____时，迅速向__________转动方向盘，将至标线时立即停车脱挡。

2. 第一次倒车，挂倒挡起步后即向__________迅速转足方向（注意左前角不要刮碰标线），并向后观察，待__________距后标线1m时，迅速向__________转动方向盘，使车尾向右摆，当车尾距后标线__________时，迅速向左转动方向盘，将至标线时，随即停车挂入空挡。

3. 第二次前进，低速挡刚起步立即向左转足方向，当看到叉车__________距右侧边线距离较小时，即向右回正方向。沿此线继续前进，尽量使叉车保持__________行驶。待车前进到距前标线约0.5m时，向左回转方向，并挂入空挡。

4. 第二次倒车，车起步后，在向左转方向的同时，随即注意车后部与__________和中线之间的位置情况，车尾部距后标线1m时，稍向右回转方向；同时观察叉车位置，取__________倒车，如稍有差，及时修正。待距后标线约0.5m时，回头看，使叉车保持正直位置，并停车挂入空挡。

侧方移位小提示：1. 左；叉尖；向右；0.5m；向左　2. 左；车尾；右；0.5m　3. 左叉尖；正直　4. 外标线；等距离

四、制订学习计划

结合本节课的任务，制订出计划，并完成以下内容的填写。

1. 起步计划用时：________________。
2. 移库需用到的技能：__________、__________、__________。
3. 移库所需路线：________________________；计划用时：______。
4. 倒车入库计划用时：________________________。

学习活动 3　任务实施

1. 学生应能结合工作情景，完成叉车的移库。
2. 学生应能在工作过程中与人良好地交流与合作。

建议课时：12 课时

一、准备工作

根据场地图（如图 6-4 所示），对叉车场地进行布置，并且在 A、B 两个库位放置不同的防撞杆；同时准备好本次任务需要用到的设备，包括：________________________。

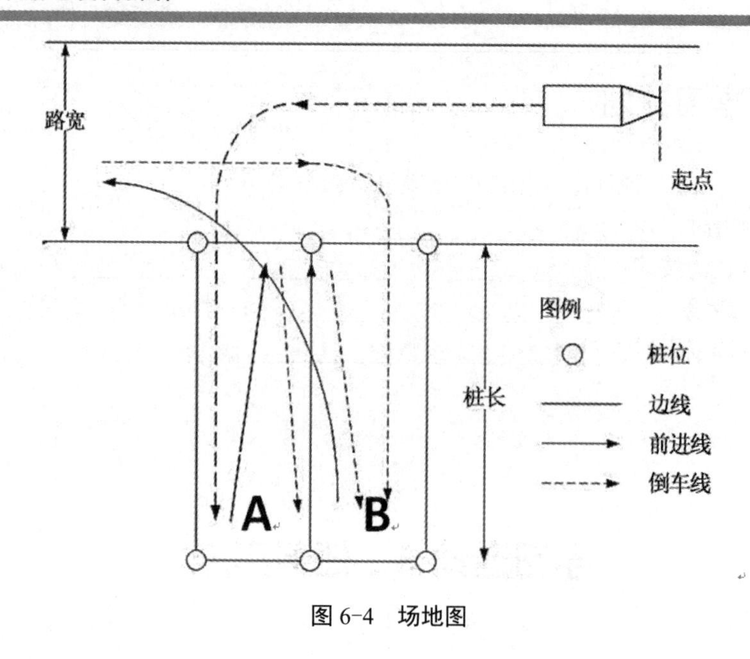

图 6-4　场地图

二、任务实施

根据线路图，完成移库。

见表 6-5。

表 6-5　移库流程

操作序号	操作图示	步骤说明
1		叉车起步，驶离起点（起步八步法：________、________、________、________、________、________、________、________。）
2		倒车入库至 A 库：挂________，行驶________形路线

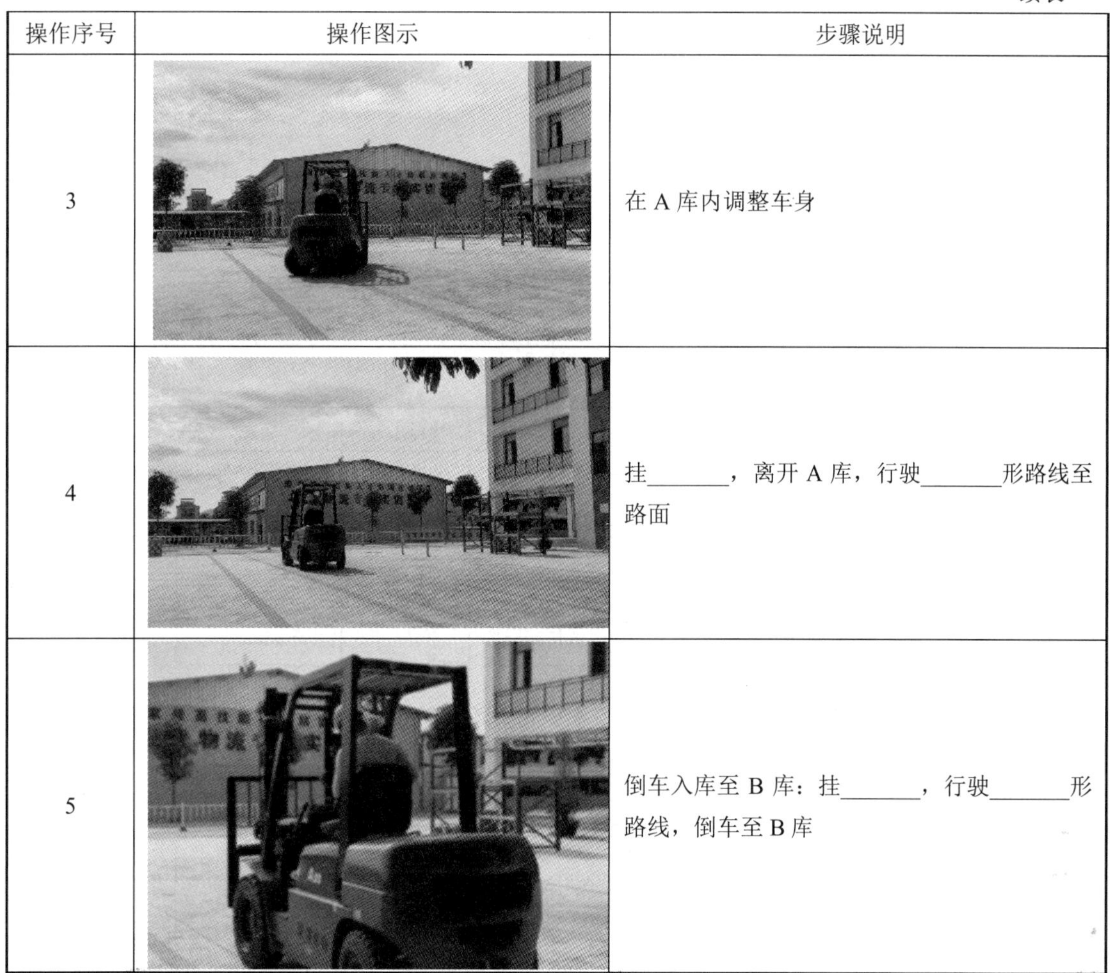

续表

操作序号	操作图示	步骤说明
3		在 A 库内调整车身
4		挂______，离开 A 库，行驶______形路线至路面
5		倒车入库至 B 库：挂______，行驶______形路线，倒车至 B 库

任务实施小提示：1. 驶入货架；门架水平；调整叉高；驶入储位；轻放托盘；抽出货叉；调整叉高；门架后倾驶离货架　2. 倒挡；L　4. 前进挡；L　5. 倒挡；L

学习活动 4　评价反馈

1. 学生应能总结出工作过程中的优点与不足。
2. 学生应能对工作过程中的理论、技能和职业素养进行互评和自评。
3. 学生应能在工作后自我反思并做出改进。

建议课时：2 课时

一、学业评价

见表 6-6。

表 6-6　学业评价

班级：　　　　　　　　姓名：

<table>
<tr><td colspan="4">任务名称：电瓶式平衡重式叉车的移库</td><td>日期：</td><td colspan="2"></td></tr>
<tr><td>项目</td><td colspan="2">考核点</td><td>分值</td><td>个人评分</td><td>小组评分</td><td>教师评分</td></tr>
<tr><td rowspan="6">知识技能考核</td><td colspan="2">叉车的安全操作</td><td>10</td><td></td><td></td><td></td></tr>
<tr><td colspan="2">叉车的起步</td><td>10</td><td></td><td></td><td></td></tr>
<tr><td colspan="2">叉车按照既定路线行驶</td><td>15</td><td></td><td></td><td></td></tr>
<tr><td colspan="2">倒车入库</td><td>15</td><td></td><td></td><td></td></tr>
<tr><td colspan="2">侧方移位</td><td>15</td><td></td><td></td><td></td></tr>
<tr><td colspan="2">移库</td><td>15</td><td></td><td></td><td></td></tr>
<tr><td rowspan="4">职业素养考核</td><td>课前</td><td>做好预习工作</td><td>5</td><td></td><td></td><td></td></tr>
<tr><td rowspan="2">课中</td><td>能良好地与老师、同学沟通交流</td><td>5</td><td></td><td></td><td></td></tr>
<tr><td>独立完成实训任务</td><td>5</td><td></td><td></td><td></td></tr>
<tr><td>课后</td><td>能够查找自身不足并改进</td><td>5</td><td></td><td></td><td></td></tr>
<tr><td colspan="4">合计</td><td></td><td></td><td></td></tr>
<tr><td colspan="2">自我反思</td><td colspan="5"></td></tr>
</table>

二、学习总结

学习者对本学习任务的掌握情况，简要说明做得好的方面以及不足之处。

见表 6-7。

表 6-7　学习总结

学习任务七

电瓶式平衡重式叉车的上下架操作

1．学生应能正确认识上下架作业的场地图。
2．学生应能准确提炼出发货通知单的关键信息。
3．学生应能准确判断出货物的储位。
4．学生应能结合工作情景，明确工作任务。
5．学生应能根据任务要求和实际情况，合理制订工作计划。
6．学生应能根据路线，完成叉车取货、叉车带货绕桩、带货工字形路线和上下架。
7．学生应能结合工作情景，完成货物的上下架。
8．学生应能在工作过程中与人良好地交流与合作。
9．学生应能总结出工作过程中的优点与不足。
10．学生应能对工作过程中的理论、技能和职业素养进行互评和自评。
11．学生应能在工作后自我反思并做出改进。

建议课时：36 课时

工作情景描述

某物流中心的仓管员小姜接到某食品公司的发货通知单，要求按照物流中心场地叉车的行驶路线，将28箱娃哈哈矿泉水出库，并将托盘上剩余的货物返库上架。

1．任务发布。
2．制订计划。
3．任务实施。
4．评价反馈。

学习活动1　任务发布

1. 学生应能正确认识上下架作业的场地图。
2. 学生应能准确提炼出发货通知单的关键信息。
3. 学生应能准确判断出货物的储位。
4. 学生应能结合工作情景，明确工作任务。

建议课时：2 课时

一、任务内容

小姜按照发货通知单（见表 7-1）的内容，需完成 28 箱娃哈哈矿泉水出库，物流中心场地图如图 7-1 所示，任务分为整托货物的出库下架和托盘上剩余货物的返库上架两个部分，其中运用到的技能有叉车取货、叉车带货绕桩、带货工字形路线和上下架。

表 7-1　发货通知单

发货通知单号：ASN201104160007							
收货客户：某物流中心　　发货日期：2020 年 02 月 17 日							
发货仓库：某物流中心　　仓库联系人：小姜　　仓库电话：（020）××××0128							
序号	货品编号	货品名称	规格	单位	计划数量	实际数量	备注
1	CMS15-105P	娃哈哈矿泉水	10 件/箱	箱	28		
				合计	28		
制单人：严明　　审核人：徐静　　第 1 页 共 1 页							

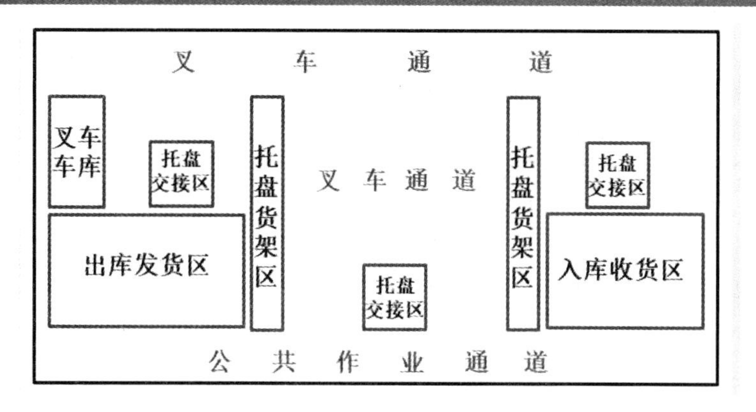

图 7-1　物流中心场地图

二、明确任务

结合实际任务内容，描述本节课的操作任务。

____

____

____

小提示：一托货物有 30 箱，出库需要出 28 箱，那么剩余的货物该怎么办呢？

学习活动 2　制订计划

1. 学生应能根据任务要求和实际情况，合理制订工作计划。
2. 学生应能根据路线，完成叉车取货、叉车带货绕桩、带货工字形路线和上下架。

建议课时：16 课时

一、叉车带货绕桩

叉车以带货的状态从车库桩位出发，在 5min 内完成“8”字进退，然后回到车库桩位处。

具体步骤如下。

1．叉车起步离开车库，从______边开始绕桩。

2．右侧车身尽量贴近桶桩，在桶桩位置处于右后门位置时，开始向_______转向。

3．到第二个桶桩位于左侧车头位置时，______方向。

4．在正常坐姿下，第二个桶桩位于左右后视镜位置时，开始往左转向，______侧车身贴近桶桩通过。

5．到第三个桶桩位于车头_______位置时，开始回正方向。

6．当第三个桶桩位于车头________方时，开始右转向。

在转向的过程中，最主要是车辆重心转移的问题。加速的时候，重心会后移，所以车辆会有抬头现象；减速的时候，重心又前移，造成点头。左转，重心右移，所以右面会下沉造成侧倾；右转则相反。所以绕桩的时候，当从左边向右开始转向过桩时，重心左前移，左边会下沉，车头更明显；方向回正时，重心开始往车辆中心回位，车身侧倾也开始得到修正；从右向左开始转向过桩时，重心又迅速右移，右侧车身被压低。

叉车带货绕桩小提示：1．左 2．右 3．回正 4．左 5．中心 6．右

二、叉车带货工字形路线操作

（一）场地布置

工字形场地布置如图 7-2 所示。

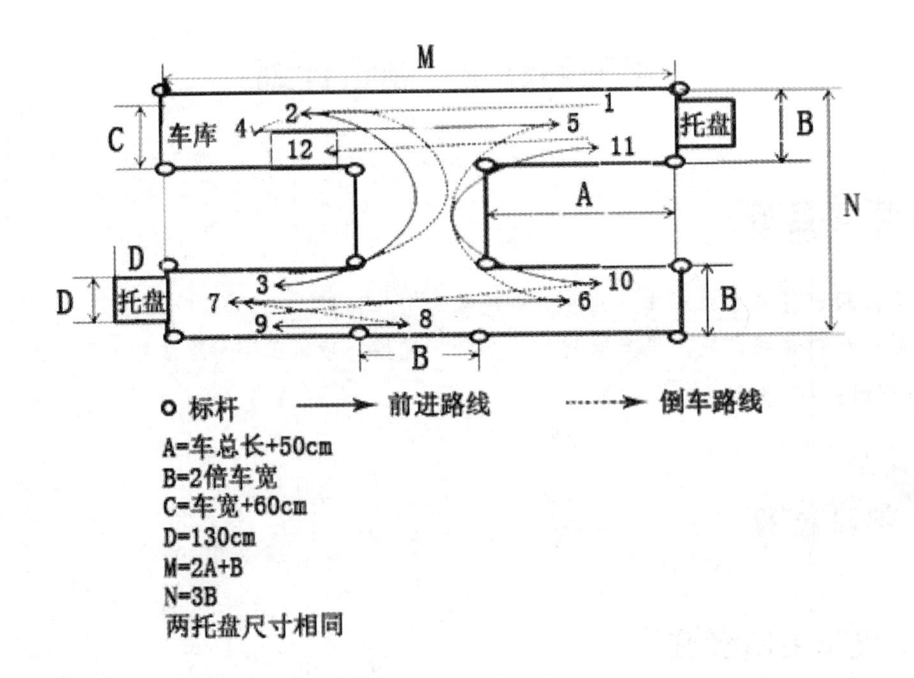

图 7-2 工字形场地布置

（二）行驶路线

叉车从车库出到 1，叉起一货盘后倒车至 2，从 2 驶到 3，放下货盘后倒车至 4，从 4 驶到 5，叉起剩下的货盘倒车至 6，从 6 驶到 7，放下货盘后倒车至 8，再前行至 9，叉起两货盘后倒车至 10，由 10 驶到 11，放下两货盘后倒车至车库 12，停车入库。

（三）操作步骤

1. 叉车起步前进，行驶至 1。
2. 在 1 叉起第一个托盘。
3. 倒车至 2，前进至 3。
4. 在 3 放下第一个托盘，倒车至 4。
5. 前进至 5，叉起第二个托盘。
6. 倒车至 6，前进至 7，放下第二个托盘。
7. 倒车至 8，前进至 9，叉起两个托盘。
8. 倒车至 10，前进至 11，放下两个托盘。
9. 倒车回车库 12，完成。

三、叉车的对车操作

叉车对车操作主要训练驾驶员对车身的控制，以便下一步取货作业的学习。对车场地如图 7-3 所示。

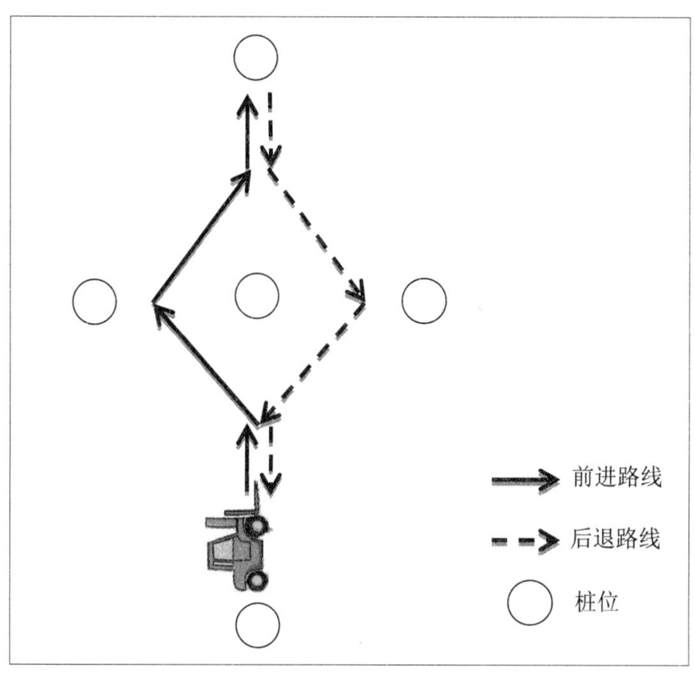

图 7-3　对车场地

（一）操作要领

1．叉车向前，驶入左侧的路线（________路线），避开障碍物，摆好方位，继续向前，直到上方的桩子位于货叉中间，并使桩子尽量靠近车身。

2．叉车倒车，驶入右侧的路线（__________路线），避开障碍物，摆好方位，最后使车尾对正下方的桩子。

（二）注意事项

1．注意桩子与车身的距离，不宜与车身距离过远，但也不能使车身碰到桩子。

2．注意停车时车身要停正，不能偏移桩子，也不能向左或向右倾斜。

对车操作小提示：1．前进　2．倒车

四、上下架练习

（一）单一货架的上下架练习

1．用叉车将待上架的货物叉起，驾驶叉车至货架前。

2．将货架升起至比上层货架略高的高度，将货物放入货架上，再驾驶叉车至起始位置。

3．驾驶叉车至位于上层货架的货物处，升高货叉，插入托盘中，将货物移动到地面。

4．将叉车驶回起点处。

（二）两个货架之间的上下架练习

1．用叉车将位于下层货架的货物取出，驾驶叉车至另一个货架前。

2．将货叉升起至比上层货架略高的高度，将货物放入货架上。

3．将叉车驶回起点处。

4．驾驶叉车至位于上层货架的货物处，升高货叉，插入托盘中，驾驶叉车，将托盘移动到另一个货架的下层。

5．将货叉上的货物放置至货架下层。

6．将叉车驶回起点处。

五、制订学习计划

结合本节课的任务，制订出计划，并完成以下内容的填写。

见表 7-2。

表 7-2 “货物的出库及返库上架”工作计划

一、人员分工

1. 小组负责 ：__________

2. 小组成员及分工

姓名	分工

二、设备的准备

序号	设备名称	数量	备注

三、叉车技能的应用

序号	操作名称	操作路线	完成时间	备注

四、安全防护措施

____

____

____

____。

学习活动 3　任务实施

1．学生应能结合工作情景，完成货物的上下架。
2．学生应能在工作过程中与人良好地交流与合作。

建议课时：16 课时

按照发货通知单，完成任务需要有两个操作内容，包括出库下架和返库上架，都需要运用到之前学习的叉车技能。具体的操作步骤如下（见表 7-3）。

表 7-3　操作步骤

操作内容	操作序号	操作图示	步骤说明
出库下架	1		叉车起步，驶离停车区域（起步八步法：________、________、________、________、________、________、________、________）
	2		驶入叉车通道，缓慢靠近货架，距离货架________cm 处停车调整叉高，并将货叉调至________

续表

操作内容	操作序号	操作图示	步骤说明
出库下架	3		利用货叉叉取托盘，缓慢升起托盘，避免与横梁发生碰撞
	4		保证货物平稳后，后退，直至托盘距离货架30cm处，调节________，并且门架________________
	5		驾驶叉车，将货物放置在________

续表

操作内容	操作序号	操作图示	步骤说明
返库上架	6		将放置在托盘交接区剩余的_____箱货缓慢叉起，并行驶至储位前30cm 处停车调整________，保持门架________
	7		缓慢叉取货物，直至货物与挡货架________，提起货叉，挂倒挡，离开托盘交接区 30cm 后停车调整货叉门架
	8		挂前进挡，行驶至储位前 30cm 处调整叉高，当托盘对准储位时，驶入货位，保证托盘存放位置_____，距离货架边缘保持 10cm 的距离

续表

操作内容	操作序号	操作图示	步骤说明
返库上架	9		确保货物平稳后慢慢取出货叉，货叉从托盘取出20cm后方可调整叉高，门架________
	10		倒车入库，将叉车驶回________

任务实施小提示：1. 驶入货架；门架水平；调整叉高；驶入储位；轻放托盘；抽出货叉；调整叉高；门架后倾驶离货架　2. 30；水平　4. 叉高；后倾　5. 托盘交接区　6. 2；叉高；前倾　7. 贴合　8. 居中　9. 后倾　10. 叉车存放区

学习活动 4　评价反馈

学习目标

1. 学生应能总结出工作过程中的优点与不足。
2. 学生应能对工作过程中的理论、技能和职业素养进行互评和自评。
3. 学生应能在工作后自我反思并做出改进。

建议课时：2 课时

一、学业评价

见表 7-4。

表 7-4　学业评价

班级：　　　　　　　　姓名：

<table>
<tr><td colspan="4">任务名称：电瓶式平衡重式叉车的上下架操作</td><td>日期：</td><td colspan="2"></td></tr>
<tr><td>项目</td><td colspan="2">考核点</td><td>分值</td><td>个人
评分</td><td>小组
评分</td><td>教师
评分</td></tr>
<tr><td rowspan="7">知识
技能
考核</td><td colspan="2">叉车的安全操作</td><td>10</td><td></td><td></td><td></td></tr>
<tr><td colspan="2">叉车的带货绕桩</td><td>15</td><td></td><td></td><td></td></tr>
<tr><td colspan="2">叉车的带货工字形路线操作</td><td>15</td><td></td><td></td><td></td></tr>
<tr><td colspan="2">叉车的对车操作</td><td>10</td><td></td><td></td><td></td></tr>
<tr><td colspan="2">上下架练习</td><td>10</td><td></td><td></td><td></td></tr>
<tr><td rowspan="2">工作任务</td><td>出库下架</td><td>10</td><td></td><td></td><td></td></tr>
<tr><td>返库上架</td><td>10</td><td></td><td></td><td></td></tr>
<tr><td rowspan="4">职业
素养
考核</td><td>课前</td><td>做好预习工作</td><td>5</td><td></td><td></td><td></td></tr>
<tr><td rowspan="2">课中</td><td>能良好地与老师、同学沟通交流</td><td>5</td><td></td><td></td><td></td></tr>
<tr><td>独立完成实训任务</td><td>5</td><td></td><td></td><td></td></tr>
<tr><td>课后</td><td>能够查找自身不足并改进</td><td>5</td><td></td><td></td><td></td></tr>
<tr><td colspan="4">合计</td><td></td><td></td><td></td></tr>
<tr><td>自我反思</td><td colspan="6"></td></tr>
</table>

二、学习总结

学习者对本学习任务的掌握情况，简要说明做得好的方面以及不足之处。
见表 7-5。

表 7-5　学习总结

学习任务八

内燃式平衡重式叉车的日常检查

学习目标

1. 学生应能正确认识内燃式平衡重式叉车的外部件。
2. 学生应能正确识读内燃式平衡重式叉车的参数。
3. 学生应能正确识读叉车铭牌。
4. 学生应能结合工作情景，明确工作任务。
5. 学生应能正确识读叉车日常检查表。
6. 学生应能熟记叉车安全检查步骤。
7. 学生应能判断发动机运转是否正常。
8. 学生应能检查灯光、电气情况。
9. 学生应能检查离合器、变速器、挡位情况。
10. 学生应能检查车辆转向。
11. 学生应能检查车辆制动。
12. 学生应能检查门架、货叉。
13. 学生应能在工作过程中与人良好地交流与合作。
14. 学生应能总结出工作过程中的优点与不足。
15. 学生应能对工作过程中的理论、技能和职业素养进行互评和自评。
16. 学生应能在工作后自我反思并做出改进。

建议课时：10 课时

工作情景描述

由于货物过重，要使用内燃式平衡重式叉车进行作业，小姜需要熟悉设备，并对叉车进行日常检查，为使用叉车做准备。

工作流程与活动

1. 任务发布。
2. 制订计划。
3. 任务实施。
4. 评价反馈。

学习活动1　任务发布

1．学生应能正确认识内燃式平衡重式叉车的外部件。
2．学生应能正确识读内燃式平衡重式叉车的参数。
3．学生应能正确识读叉车铭牌。
4．学生应能结合工作情景，明确工作任务。

建议课时：2课时

一、内燃式平衡重式叉车（柴油叉车）简介

柴油叉车是指使用柴油为燃料，由发动机提供动力的叉车，载质量为0.5～45t。

柴油叉车的特点是稳定性好，储备功率大，宜于重载，作业通道宽度一般为3.5～5.0m，行驶速度快，爬坡能力强，作业效率高，对路面要求不高，使用时间无限制，能胜任恶劣环境下的工作。此外，柴油发动机动力性较好（低速不易熄火，过载能力、长时间作业能力强），燃油费用低。

缺点是体积大，自重大，震动大，排气量大，价格高，结构复杂，维修困难，污染环境，噪声较大。

因此，柴油叉车常用于室外作业。

二、内燃式平衡重式叉车（柴油叉车）外部件

内燃式平衡重式叉车外部件说明如图8-1所示。

图 8-1　内燃式平衡重式叉车

三、内燃式平衡重式叉车（柴油叉车）的参数

（一）某型号叉车技术参数表

见表 8-1。

表 8-1　技术参数

概要	制造商			杭州叉车	
	动力形式			柴油发动机	
	型号			CPCD50	CPCD50S
	额定载荷/kg			5 000	5 000
	载荷中心距/mm			600	600
尺寸	起升高度/mm			3 000	3 000
	自由起升高度/mm			205	155
	货叉尺寸/mm			1 220×150×55	1 070×140×50
	门架倾角/°			3°	12°
	前悬距/mm			590	567
	外形尺寸	总长/mm		3 440	3 125
		总宽/mm		1 995	1 485
		门架不起升高度/mm		2 500	2 390
		门架起升时高度/mm		4 429	4 275
		安全架高度/mm		2 420	2 250
性能	最小转弯半径/mm			3 300	2 830
	行驶速度（满载/空载）	机械叉车	Ⅰ挡（km/h）	15/17	15/15
			Ⅱ挡（km/h）	26/28	20/22
	起升速度（满载/空载）（mm/s）			370/550	430/480
	最大爬坡度/%			20	20
	自重/kg			8 000	7 050
底盘	轮胎	前轮		8.50-15-14PR	300-15-20PR
		后轮		8.50-15-14PR	7.00-12-12PR
	轮距	前轮/mm		1 470	1 180
		后轮/mm		1 700	1 190
	轴距/mm			2 250	2 000
	离地间隙（满载/空载）	门架/mm		200/160	145/175
		车架/mm		230/190	180/190
发动机	类型			柴油机	
	型号			锡柴 CA4DF3-12GCG3U	康明斯 QSF2.8
	额定功率/kW			85	55
	额定转数/ $r \cdot min^{-1}$			2 200	2 200
	排量/L			4.75	2.8

（二）内燃式平衡重式叉车（柴油叉车）的参数解读

见表 8-2。

表 8-2　参数解读

序号	参数名称	内容	是否熟记
1	额定起重量	指货叉上的货物重心位于规定的载荷中心距上时，叉车应能举升的最大质量单位，以 t（吨）表示。当货叉上的货物重心超出了规定的载荷中心距时，由于叉车纵向稳定性的限制，起重量应相应减小。目前，市场上使用的叉车大多是 5t 以内的叉车	
2	载荷中心距	载荷中心距是指在货叉上放置标准的货物时，其重心到货叉垂直段前表面的水平距离，以 mm 表示。对于起重量为 1t 的叉车规定载荷中心距为 500mm	
3	额定起重量时的最大起升高度	在额定起重量下，货叉升至最高位置，门架垂直，由地面至货叉上平面的垂直距离	
4	自由起升高度	在无载状态、门架垂直、门架高度不变条件下起升，货叉上平面至地面最大的垂直距离	
5	门架前倾角、门架后倾角	在无载状态下，门架相对于垂直位置向前或向后的最大倾角	
6	满载、无载最大起升速度	在额定起重量或无载状态下，货叉或属具起升的最大速度	
7	满载、无载最高运行速度	在额定起重量或无载状态下，车辆在平整坚硬路面上行驶的最高速度	
8	最大爬坡度	车辆在无载或额定起重量状态下，按规定速度稳定行驶时，所能爬越的最大坡度	
9	最小转变半径	指将叉车的转向轮转至极限位置，并以最低稳定速度做转弯运动时，其瞬时中心距车体最外侧的距离	
10	叉车长度	对平衡重式叉车，指叉尖至车体末端的水平距离	
11	叉车宽度	叉车两外侧的最大水平距离	
12	叉车高度	由地面至叉车顶端的垂直距离	
13	轴距	前、后桥中心线间的水平距离	
14	轮距	同一桥左右车轮与地面接触面中心的距离。多个车轮的轮距按中心点处测定	
15	最小离地间隙	车轮以外，车体上固定的最低点至地面的距离，它表示叉车无碰撞地越过地面凸起障碍物的能力；最小离地间隙越大，叉车的通过性越好	
16	自重	车辆在无载状态下的质量	
17	桥负荷	叉车在无载或额定起重量状态下，桥所承受的垂直负荷	

四、内燃式平衡重式叉车（柴油叉车）的铭牌

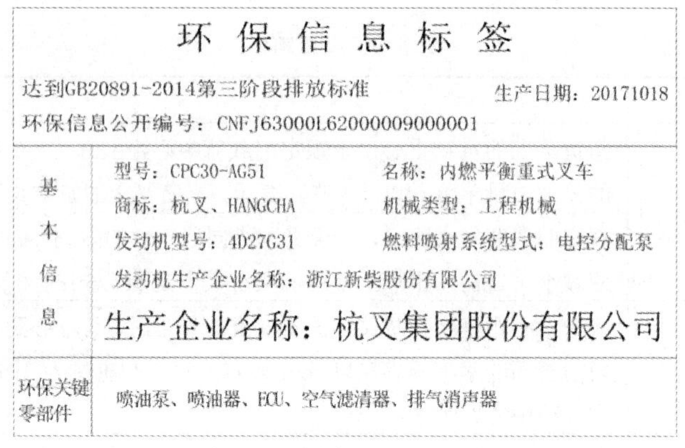

本车仅限于在工厂厂区、旅游景区、游乐场所使用

中国浙江临安经济开发区东环路88号　　客服电话：400-884-7888

图 8-2　内燃式平衡重式叉车铭牌

识读内燃式平衡重式叉车（柴油叉车）的铭牌（见图 8-2），是读取叉车基本参数最直接的方法之一。

五、明确工作任务

通过学习叉车的结构、常见属具和参数等基础知识，结合任务内容，请描述工作任务的内容以及注意事项。

____

____

六、学习考核

考核学习者是否认知叉车外部件以及对叉车各参数的解读。

见表 8-3。

表 8-3　考核表

<table>
<tr><td colspan="3">任务名称：内燃式平衡重式叉车外部件认知、参数解读</td><td colspan="4">日期：</td></tr>
<tr><td>项目</td><td colspan="2">考核点</td><td>分值</td><td>个人评分</td><td>小组评分</td><td>教师评分</td></tr>
<tr><td rowspan="11">知识技能考核</td><td colspan="2">认识门架</td><td>5</td><td></td><td></td><td></td></tr>
<tr><td colspan="2">认识电器设备</td><td>5</td><td></td><td></td><td></td></tr>
<tr><td colspan="2">认识起重工作装置</td><td>5</td><td></td><td></td><td></td></tr>
<tr><td colspan="2">认识轮胎</td><td>5</td><td></td><td></td><td></td></tr>
<tr><td colspan="2">介绍额定起重量</td><td>10</td><td></td><td></td><td></td></tr>
<tr><td colspan="2">介绍额定起重量时的最大起升高度</td><td>10</td><td></td><td></td><td></td></tr>
<tr><td colspan="2">介绍满载、无载最大起升速度</td><td>10</td><td></td><td></td><td></td></tr>
<tr><td colspan="2">门架前倾角、门架后倾角</td><td>5</td><td></td><td></td><td></td></tr>
<tr><td colspan="2">最小转变半径</td><td>5</td><td></td><td></td><td></td></tr>
<tr><td colspan="2">介绍叉车长、宽、高</td><td>10</td><td></td><td></td><td></td></tr>
<tr><td colspan="2">介绍轴距、轮距及最小离地间隙</td><td>10</td><td></td><td></td><td></td></tr>
<tr><td rowspan="4">职业素养考核</td><td>课前</td><td>做好预习工作</td><td>5</td><td></td><td></td><td></td></tr>
<tr><td rowspan="2">课中</td><td>能良好地与老师、同学沟通交流</td><td>5</td><td></td><td></td><td></td></tr>
<tr><td>能独立完成任务</td><td>5</td><td></td><td></td><td></td></tr>
<tr><td>课后</td><td>能够查找自身不足并改进</td><td>5</td><td></td><td></td><td></td></tr>
<tr><td colspan="3">合计</td><td></td><td></td><td></td><td></td></tr>
<tr><td>自我反思</td><td colspan="6"></td></tr>
</table>

学习活动 2　制订计划

学习目标

1. 学生应能正确识读叉车日常检查表。
2. 学生应能熟记叉车安全检查步骤。

建议课时：2 课时

一、内燃式平衡重式叉车（柴油叉车）日常检查

见表 8-4。

表 8-4　叉车日常检查

检查人：		日期：	
序号	检查内容	基本要求	检查情况及记录
1	整车外观	卫生清洁，各部件齐全	
2	发动机运转	运转正常	
3	灯光、电气	喇叭、灯光、电源开关正常	
4	离合器、变速器、挡位	正常	
5	车架、前后桥、轮胎、减震	外观及工作正常	
6	车辆转向	转向操作正常	
7	车辆制动	行车制动和驻车制动中靠	
8	门架、货叉	无松动，工作正常	
9	液压系统	无泄漏，工作正常	
10	其他		

说明：完好打“√”，有问题详细记录。

二、内燃式平衡重式叉车（柴油叉车）安全检查步骤

第一步：工作前准备

见图 8-3～8-6。

图 8-3　检查水箱水位

图 8-4　检查机油

图 8-5　检查轮胎气压

图 8-6　检查链条润滑

开车前检查水箱水位、机油、轮胎气压、升降油管是否漏油、链条润滑等。

第二步：点检设备及运行

见图 8-7～8-10。

图 8-7　用钥匙打火

图 8-8　检查驻车制动

图 8-9　检查前倾、后仰拉杆

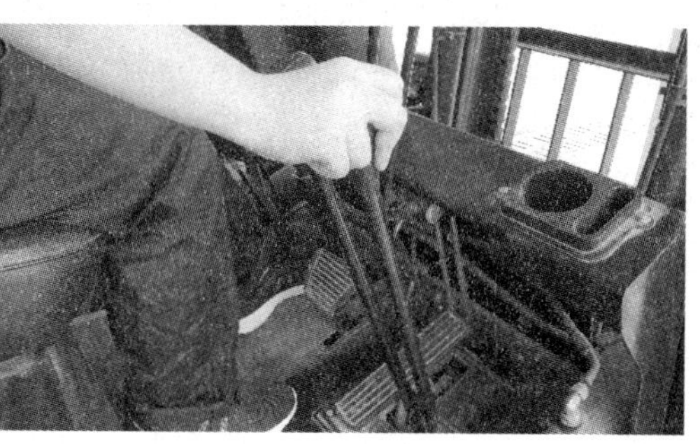

图 8-10　检查挡位拉杆

1．检查灯光、仪表、喇叭，检查风扇皮带是否正常。
2．检查行车制动、驻车制动，检查升降油缸、倾斜油缸、胶管。
3．空气过滤器进气顺畅，检查门架、链条、货叉牢固。
4．蓄电池电量充足，听察发动机无异响。
5．检查前叉、后轮拉杆、链条等部位是否需要添加黄油。
6．用钥匙打火，升起叉车臂，挂挡，松手刹，起步。
7．根据货物大小调节叉车臂的高低及宽窄。

第三步：工作结束

见图 8-11。

图 8-11　叉车停放在指定位置

1．把液压叉车停放在指定位置。
2．把挡位放在空挡，拉手刹，叉车臂放在最低位，熄火停车。

三、小组分工，制订工作计划

见表 8-5。

表 8-5　“叉车日常检查”工作计划

一、人员分工

1. 小组负责人：____________

2. 小组成员及分工

姓名	分工

二、设备的准备

序号	设备名称	数量	备注

三、安全防护措施

____

____

____

____

四、学习考核

考核学习者对叉车各检查项目、标准的理解、熟记和应用程度。

见表 8-6。

表 8-6　考核表

<table>
<tr><td colspan="3">任务名称：熟记、理解叉车各检查项目的标准</td><td colspan="4">日期：</td></tr>
<tr><td>项目</td><td colspan="2">考核点</td><td>分值</td><td>个人评分</td><td>小组评分</td><td>教师评分</td></tr>
<tr><td rowspan="9">知识技能考核</td><td colspan="2">熟记整车外观的检查标准</td><td>10</td><td></td><td></td><td></td></tr>
<tr><td colspan="2">熟记发动机运转的检查标准</td><td>10</td><td></td><td></td><td></td></tr>
<tr><td colspan="2">熟记灯光、电气的检查标准</td><td>10</td><td></td><td></td><td></td></tr>
<tr><td colspan="2">熟记离合器、变速器、挡位的检查标准</td><td>10</td><td></td><td></td><td></td></tr>
<tr><td colspan="2">熟记车架、前后桥、轮胎、减震的检查标准</td><td>10</td><td></td><td></td><td></td></tr>
<tr><td colspan="2">熟记车辆转向的检查标准</td><td>10</td><td></td><td></td><td></td></tr>
<tr><td colspan="2">熟记车辆制动的检查标准</td><td>5</td><td></td><td></td><td></td></tr>
<tr><td colspan="2">熟记门架、货叉的检查标准</td><td>10</td><td></td><td></td><td></td></tr>
<tr><td colspan="2">熟记液压系统的检查标准</td><td>5</td><td></td><td></td><td></td></tr>
<tr><td rowspan="4">职业素养考核</td><td>课前</td><td>做好预习工作</td><td>5</td><td></td><td></td><td></td></tr>
<tr><td rowspan="2">课中</td><td>能良好地与老师、同学沟通交流</td><td>5</td><td></td><td></td><td></td></tr>
<tr><td>能独立完成任务</td><td>5</td><td></td><td></td><td></td></tr>
<tr><td>课后</td><td>能够查找自身不足并改进</td><td>5</td><td></td><td></td><td></td></tr>
<tr><td colspan="3">合计</td><td></td><td></td><td></td><td></td></tr>
<tr><td>自我反思</td><td colspan="6"></td></tr>
</table>

学习活动 3　任务实施

1. 学生应能判断发动机运转是否正常。
2. 学生应能检查灯光、电气情况。
3. 学生应能检查离合器、变速器、挡位情况。
4. 学生应能检查车辆转向。
5. 学生应能检查车辆制动。
6. 学生应能检查门架、货叉。
7. 学生应能在工作过程中与人良好地交流与合作。

建议课时：4 课时

一、内燃式平衡重式叉车（柴油叉车）静态检查

见表 8-7。

表 8-7　静态检查

检查人：		日期：	
序号	部件（位置）	检查内容	检查结果
1	外观结构	先观察其设备整体的情况，查看各结构件是否有撞坏或损坏的痕迹	
2	车轮	观察车轮是否有损坏、开裂、紧固件松脱、轮胎胎齿磨没等现象。观察左右车轮是否一般高。拔掉气嘴帽，用轮胎气压计测量车胎气压。检查气压后，在装上气嘴帽之前应确保气嘴不会漏气	
3	机油	查看机油的充足情况，机油量应在指示尺的上下刻度之间	
4	润滑	检查各个润滑点的黄油情况	
5	空气过滤器	检查空气滤芯的干净情况，此项检查主要是保证发动机的进气干净，确保发动机安全	
6	散热器	检查上热气片的前后面应干净清洁，以保证换热效率	
7	货叉、护栏及门架	货叉应无严重磨损、开裂和变形等现象；护栏应无开裂、刮痕和变形等现象；门架润滑好，无严重磨损、无刮痕等现象	
8	启动电池	干净，连接件牢靠，电液充足	

二、内燃式平衡重式叉车（柴油叉车）动态检查

见表 8-8。

表 8-8　动态检查

检查人：		日期：	
序号	部件（位置）	检查内容	检查结果
1	油、水管	检查各油管及其接头、弯头等是否漏油；检查各水管及其接头、弯头等是否漏水	
2	喇叭	按喇叭听声响，应响亮	
3	灯光	检查左右转向灯、照灯、倒车灯等灯光设施是否完好	

续表

序号	部件（位置）	检查内容	检查结果
4	起升装置	开动货叉上下动作，运动过程中应平稳，无发冲现象；各滚子应能自由地转动，无滑动情况；升降中无晃动、无刮擦等现象	
5	刹车	开动叉车，运行时，刹车应能快速停止	

三、学习考核

考核学习者的实践操作。

见表 8-9。

表 8-9　考核表

<table>
<tr><td colspan="3">任务名称：内燃式平衡重式叉车动、静态检查</td><td colspan="4">日期：</td></tr>
<tr><td>项目</td><td colspan="2">考核点</td><td>分值</td><td>个人评分</td><td>小组评分</td><td>教师评分</td></tr>
<tr><td rowspan="13">知识技能考核</td><td colspan="2">检查外观结构</td><td>5</td><td></td><td></td><td></td></tr>
<tr><td colspan="2">检查车轮</td><td>5</td><td></td><td></td><td></td></tr>
<tr><td colspan="2">检查机油</td><td>10</td><td></td><td></td><td></td></tr>
<tr><td colspan="2">检查润滑</td><td>5</td><td></td><td></td><td></td></tr>
<tr><td colspan="2">检查空气过滤器</td><td>10</td><td></td><td></td><td></td></tr>
<tr><td colspan="2">检查散热器</td><td>5</td><td></td><td></td><td></td></tr>
<tr><td colspan="2">检查货叉、护栏及门架</td><td>5</td><td></td><td></td><td></td></tr>
<tr><td colspan="2">检查启动电池</td><td>10</td><td></td><td></td><td></td></tr>
<tr><td colspan="2">检查油、水管</td><td>5</td><td></td><td></td><td></td></tr>
<tr><td colspan="2">检查喇叭</td><td>5</td><td></td><td></td><td></td></tr>
<tr><td colspan="2">检查灯光</td><td>5</td><td></td><td></td><td></td></tr>
<tr><td colspan="2">检查起升装置</td><td>5</td><td></td><td></td><td></td></tr>
<tr><td colspan="2">检查刹车</td><td>5</td><td></td><td></td><td></td></tr>
<tr><td rowspan="4">职业素养考核</td><td>课前</td><td>做好预习工作</td><td>5</td><td></td><td></td><td></td></tr>
<tr><td rowspan="2">课中</td><td>能良好地与老师、同学沟通交流</td><td>5</td><td></td><td></td><td></td></tr>
<tr><td>能独立完成任务</td><td>5</td><td></td><td></td><td></td></tr>
<tr><td>课后</td><td>能够查找自身不足并改进</td><td>5</td><td></td><td></td><td></td></tr>
<tr><td colspan="4">合计</td><td></td><td></td><td></td></tr>
<tr><td>自我反思</td><td colspan="6"></td></tr>
</table>

学习活动 4　评价反馈

1. 学生应能总结出工作过程中的优点与不足。
2. 学生应能对工作过程中的理论、技能和职业素养进行互评和自评。
3. 学生应能在工作后自我反思并做出改进。

建议课时：2 课时

一、学业评价

学习者对已学过的知识及实践操作进行学业评价。

见表 8-10。

表 8-10　考核表

<table>
<tr><td colspan="3">任务名称：内燃式平衡重式叉车的日常检查</td><td colspan="4">日期：</td></tr>
<tr><td>项目</td><td colspan="2">考核点</td><td>分值</td><td>个人评分</td><td>小组评分</td><td>教师评分</td></tr>
<tr><td rowspan="6">知识技能考核</td><td colspan="2">熟知叉车外部件</td><td>10</td><td></td><td></td><td></td></tr>
<tr><td colspan="2">会解读叉车参数</td><td>10</td><td></td><td></td><td></td></tr>
<tr><td colspan="2">会识读叉车铭牌</td><td>10</td><td></td><td></td><td></td></tr>
<tr><td colspan="2">会进行叉车静态检查</td><td>20</td><td></td><td></td><td></td></tr>
<tr><td colspan="2">会进行叉车动态检查</td><td>20</td><td></td><td></td><td></td></tr>
<tr><td colspan="2">会填写叉车日常检查表</td><td>10</td><td></td><td></td><td></td></tr>
<tr><td rowspan="4">职业素养考核</td><td>课前</td><td>做好预习工作</td><td>5</td><td></td><td></td><td></td></tr>
<tr><td rowspan="2">课中</td><td>能良好地与老师、同学沟通交流</td><td>5</td><td></td><td></td><td></td></tr>
<tr><td>能独立完成任务</td><td>5</td><td></td><td></td><td></td></tr>
<tr><td>课后</td><td>能够查找自身不足并改进</td><td>5</td><td></td><td></td><td></td></tr>
<tr><td colspan="3">合计</td><td></td><td></td><td></td><td></td></tr>
<tr><td>自我反思</td><td colspan="6"></td></tr>
</table>

二、学习总结

学习者对本学习任务的掌握情况，简要说明做得好的方面以及不足之处。见表 8-11。

表 8-11　学习总结

学习任务九
内燃式平衡重式叉车的起步与行进操作

学习目标

1. 学生应能正确识读内燃式平衡重式叉车（柴油叉车）的驾驶舱内部件。
2. 学生应能正确识读仪表盘。
3. 学生应能正确检查叉车状况。
4. 学生应能结合工作情景，明确工作任务。
5. 学生应能熟知叉车起步流程。
6. 学生应能熟知叉车起步要领。
7. 学生应能做到平地起步不熄火、不冲车。
8. 学生应能转弯行车。
9. 学生应能倒车行驶。
10. 学生应能根据载货及道路情况选择合适挡位。
11. 学生应能在工作过程中与人良好地交流与合作。
12. 学生应能总结出工作过程中的优点与不足。
13. 学生应能对工作过程中的理论、技能和职业素养进行互评和自评。
14. 学生应能在工作后自我反思并做出改进。

建议课时：14 课时

工作情景描述

小姜接到任务，驾驶内燃式平衡重式叉车在场站内进行作业。小姜需要提前熟悉叉车的操作以及场站作业路线。

工作流程与活动

1. 任务发布。
2. 制订计划。
3. 任务实施。
4. 评价反馈。

学习活动 1　任务发布

学习目标

1. 学生应能正确识读内燃式平衡重式叉车（柴油叉车）的驾驶舱内部件。
2. 学生应能正确识读仪表盘。
3. 学生应能正确检查叉车状况。
4. 学生应能结合工作情景，明确工作任务。

建议课时：2 课时

一、内燃式平衡重式叉车（柴油叉车）的驾驶舱内部件

见图 9-1 和表 9-1。

1-方向盘；2-喇叭；3-组合仪表；4-钥匙开关；5-起升操纵杆；6-液压操纵杆；7-换挡操纵杆；8-前进后退操纵杆；9-加速踏板；10-刹车踏板；11-离合器踏板；12-手制动；13-座椅开关；14-座椅调整杆

图 9-1　内燃式平衡重式叉车（柴油叉车）的驾驶舱内部件图解

表 9-1　部件说明

序号	部件	说明	是否熟记
1	方向盘	控制叉车行进的转向	
2	喇叭	鸣笛	
3	组合仪表	显示相关部件的工作状况	
4	钥匙开关	点火开关	
5	起升操纵杆	控制起重工作装置的升降	
6	液压操纵杆	控制起重工作装置的仰俯角	
7	换挡操纵杆	切换挡位	
8	前进后退操纵杆	控制叉车前进或后退	
9	加速踏板	控制叉车的速度	
10	刹车踏板	叉车制动	
11	离合器踏板	叉车起步、停车、换挡等操作时起传动作用	
12	手制动	手刹，停车时用	
13	座椅开关	打开座椅的装置	
14	座椅调整杆	调整座椅的位置	

二、内燃式平衡重式叉车（柴油叉车）仪表盘

见图 9-2 和表 9-2。

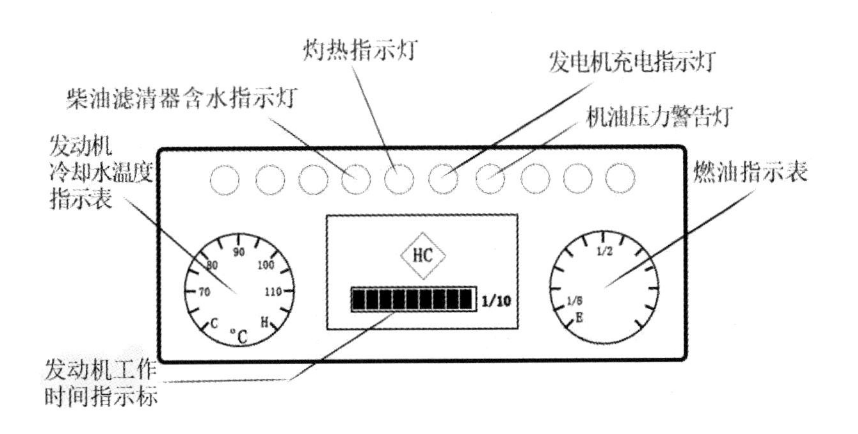

图 9-2　内燃式平衡重式叉车（柴油叉车）仪表盘

表 9-2　仪表盘各指示灯说明

序号	指示表、灯	说明	是否熟记
1	燃油表	显示剩余油量	
2	水温表	显示发动机工作中的温度	
3	滤清器含水指示灯	灯亮表示油水分离器的含水过高，需关闭发动机进行清理	
4	灼热指示灯	补助加温指示，灯亮表示不能启动发动机	
5	充电指示灯	未启动发动机前常亮，启动后正常情况下会自动熄灭	
6	机油压力警告灯	灯亮表示机油压力不足	
7	工作时间指示表	显示叉车工作的时长	

三、内燃式平衡重式叉车（柴油叉车）起步前检查叉车状况

见表 9-3。

表 9-3　叉车状况检查

检查人：		日期：
项目	内容	检查结果
叉车外观	整体车架有无破裂、弯曲、脱焊	
	顶棚结构是否结实牢固，遮雨布是否破损	
	驾驶室座位、后视镜是否损坏	
	前后牌照是否清晰、完好	
	照明灯、转向灯是否完好	
	方向盘、挡位控制杆是否完好	
	油门踏板、制动踏板是否完好	
	排气管口是否堵塞、有无松动	
	各个系统的油路是否正常，有无漏油现象	
	轮胎是否磨损严重，有无漏气、破损，紧固钢圈螺丝有无脱落，轮胎气压是否正常	
	叉齿、叉齿架、挡货架、外门架、内门架、升降油缸、链条、链轮、升降杆、倾斜油缸是否完好	
	仪表盘上各种仪表是否正常显示	
启动叉车前检查性能	启动点火装置是否完好，供电系统是否正常	
	叉齿上升和下降系统是否完好，液压缸内油路是否正常，链条是否有异响，载重升降是否完好	
	大灯、转向灯、倒车灯是否都能亮，颜色是否正确：大灯的灯光呈现白色，转向灯灯光呈现黄色，倒车灯灯光呈现红色。前进、后退、左转、右转是否正常	
	启动后仪表盘上各种仪表显示是否正常	

四、驾驶叉车按规定路线行进

驾驶叉车先从甲库前进至乙库，再从乙库倒行至丁库，接着从丁库前进至丙库，最后从丙库倒行回甲库（如图 9-3 所示）。

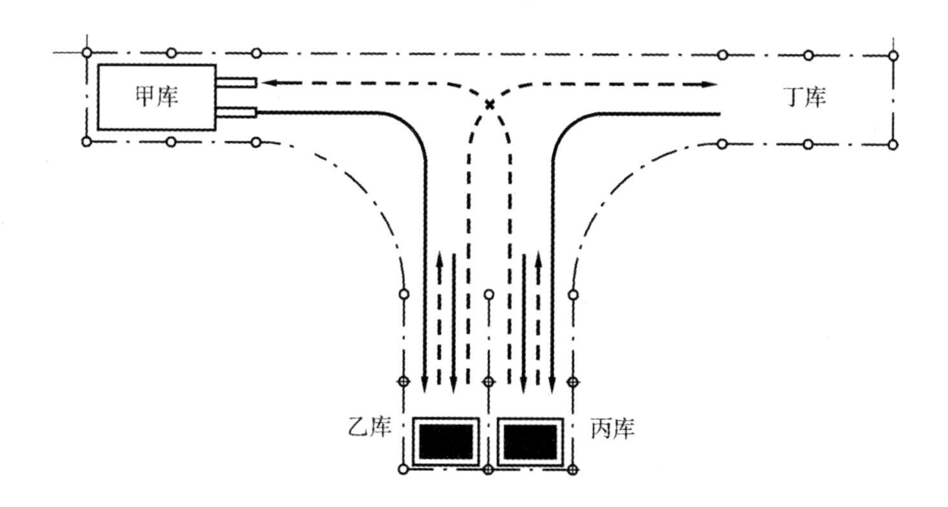

——→	车辆前进	←- - -	车辆倒行
■	堆垛物件	□	堆垛架

图 9-3　行进路线图

五、明确工作任务

通过认知叉车的驾驶舱内部件、仪表盘，学习叉车起步前需要检查的项目以及明确叉车行进的规定路线，请描述工作任务的内容以及注意事项。

____

____

____

____

____

六、学习考核

考核学习者对驾驶舱内部件的认知以及操作。

见表 9-4。

表 9-4　考核表

任务名称：叉车驾驶舱内部件认知、操作			日期：			
项目	考核点		分值	个人评分	小组评分	教师评分
知识技能考核	会转动方向盘		5			
	会操作喇叭		5			
	会查看组合仪表		10			
	会点火		5			
	会操作起升操纵杆		10			
	会操作换挡操纵杆		10			
	会操作前进后退操纵杆		5			
	会操作刹车踏板		5			
	会操作加速踏板		5			
	会操作离合器踏板		5			
	会操作手制动		5			
	会操作座椅开关		5			
	会调整座椅		5			
职业素养考核	课前	做好预习工作	5			
	课中	能良好地与老师、同学沟通交流	5			
		能独立完成任务	5			
	课后	能够查找自身不足并改进	5			
合计						
自我反思						

学习活动 2　制订计划

1. 学生应能熟知叉车起步流程。
2. 学生应能熟知叉车起步要领。

建议课时：2 课时

一、内燃式平衡重式叉车（柴油叉车）起步流程

见图 9-4。

图 9-4　内燃式平衡重式叉车（柴油叉车）起步流程

二、内燃式平衡重式叉车（柴油叉车）起步要领

通过观察教师示范操作，总结叉车起步操作要领，熟记动作顺序，将表 9-5 填写完整后上车操作。

表 9-5　起步要领

序号	操作要领
1	拉紧＿＿＿＿＿，变速杆置＿＿＿＿位置
2	打开＿＿＿＿＿，接通点火线路
3	左脚踏下＿＿＿＿＿，右脚稍踏下＿＿＿＿＿，旋转启动旋钮或按钮
4	发动机启动后，松开＿＿＿＿＿，保持低速运转，逐渐升高发动机温度
5	启动完成后，左脚踏下＿＿＿＿＿，右手将变速杆挂入＿＿＿＿，换向杆挂入＿＿＿＿＿
6	松开＿＿＿＿＿操纵杆、打＿＿＿＿＿、＿＿＿＿＿
7	慢慢抬起离合器踏板的同时，平稳地＿＿＿＿＿，使叉车慢慢起步

起步要领小提示：1. 驻车制动；空挡　2. 点火开关　3. 离合器踏板；加速踏板　4. 离合器踏板　5. 离合器踏板；一挡；前进挡　6. 驻车制动；转向灯；鸣笛　7. 踏下加速踏板

三、内燃式平衡重式叉车（柴油叉车）起步注意事项

1. 发动机启动后，切勿＿＿＿＿＿＿，以免造成＿＿＿＿＿＿，发动机磨损加剧。

2. 起步时应保证＿＿＿＿＿＿、＿＿＿＿＿＿，＿＿＿＿＿＿、＿＿＿＿＿＿、＿＿＿＿＿＿现象，操作动作要准确。

起步注意事项小提示：1. 猛踩加速踏板；机油压力过高　2. 迅速；平稳；无冲动；振抖；熄火

四、对人员进行分工，制订小组工作计划

见表 9-6。

表 9-6　“驾驶叉车起步、行进”工作计划

一、人员分工

1. 小组负责人：＿＿＿＿＿＿＿＿

2. 小组成员及分工

姓名	分工

续表

二、设备的准备

序号	设备名称	数量	备注

三、安全防护措施

____

____

____

五、学习考核

考核学习者认知叉车起步要领。

见表 9-7。

表 9-7　考核表

任务名称：起步要领操作			日期：			
项目	考核点		分值	个人评分	小组评分	教师评分
知识技能考核	驻车、挂空挡		20			
	点火开关接通		10			
	踩离合，启动发动机		10			
	松离合器		10			
	挂一挡，挂前进挡		20			
	松手刹、打灯、鸣笛		10			
职业素养考核	课前	做好预习工作	5			
	课中	能良好地与老师、同学沟通交流	5			
		能独立完成任务	5			
	课后	能够查找自身不足并改进	5			
合计						
自我反思						

学习活动3　任务实施

1. 学生应能做到平地起步不熄火、不冲车。
2. 学生应能转弯行车。
3. 学生应能倒车行驶。
4. 学生应能根据载货及道路情况选择合适挡位。
5. 学生应能在工作过程中与他人良好地交流与合作。

建议课时：8课时

一、检查内燃式平衡重式叉车（柴油叉车）状况

见表9-8。

表9-8　叉车状况检查

检查人：		日期：
项目	内容	检查结果
叉车外观	整体车架有无破裂、弯曲、脱焊	
	顶棚结构是否结实牢固，遮雨布是否破损	
	驾驶室座位、后视镜是否损坏	
	前后牌照是否清晰、完好	
	照明灯、转向灯是否完好	
	方向盘、挡位控制杆是否完好	
	油门踏板、制动踏板是否完好	
	排气管口是否堵塞、有无松动	
	各个系统的油路是否正常，有无漏油现象	
	轮胎是否磨损严重，有无漏气、破损，紧固钢圈螺丝有无脱落，轮胎气压是否正常	
	叉齿、叉齿架、挡货架、外门架、内门架、升降油缸、链条、链轮、升降杆、倾斜油缸是否完好	
	仪表盘上各种仪表是否正常显示	

续表

项目	内容	检查结果
启动叉车前检查性能	启动点火装置是否完好，供电系统是否正常	
	叉齿上升和下降系统是否完好，液压缸内油路是否正常，链条是否有异响，载重升降是否完好	
	大灯、转向灯、倒车灯是否都能亮，颜色是否正确：大灯的灯光呈现白色，转向灯灯光呈现黄色，倒车灯灯光呈现红色。前进、后退、左转、右转是否正常	
	启动后仪表盘上各种仪表显示是否正常	

二、驾驶内燃式平衡重式叉车（柴油叉车）起步

见表 9-9。

表 9-9　叉车起步

序号	内容	分值	小组评分	教师评分
1	起步前，观察四周，确认无妨碍行车安全的障碍后，先鸣笛，后起步	25		
2	气压制动的车辆，制动气压表读数须达到规定值才可起步	25		
3	叉车在载物起步时，驾驶员应先确认所载货物平稳可靠	25		
4	起步时须缓慢平稳起步	25		
合计				

三、驾驶内燃式平衡重式叉车（柴油叉车）行驶

见表 9-10。

表 9-10　叉车行驶

序号	内容	分值	小组评分	教师评分
1	行驶时，货叉底端距地面高度应保持 300～400mm，门架须后倾	10		
2	行驶时不得将货叉升得太高。进出作业现场或行驶途中，要注意上空有无障碍物刮碰。载物行驶时，如货叉升得太高，还会增加叉车总体重心高度，影响叉车的稳定性	10		
3	卸货后应先降落货叉至正常的行驶位置后再行驶	10		
4	转弯时，如附近有行人或车辆，应发出信号，禁止高速急转弯。高速急转弯会导致车辆失去横向稳定而倾翻	10		
5	内燃叉车在下坡时严禁熄火滑行	10		
6	非特殊情况，禁止载物行驶中急刹车	10		

续表

序号	内容	分值	小组评分	教师评分
7	载物行驶在超过 7 度和用高于一挡的速度上下坡时，非特殊情况不得使用制动器	10		
8	叉车在运行时要遵守厂内交通规则，必须与前面的车辆保持一定的安全距离	10		
9	叉车运行时，载荷必须处在不妨碍行驶的位置，门架要适当后倾，除堆垛或装车时，不得升高载荷。在搬运庞大物件时，物体挡住驾驶员的视线，此时应倒开叉车	10		
10	叉车由后轮控制转向，必须时刻注意车后的摆幅，避免初学者驾驶时经常出现转弯过急现象	10		
合计				

学习活动 4　评价反馈

1. 学生应能总结出工作过程中的优点与不足。
2. 学生应能对工作过程中的理论、技能和职业素养进行互评和自评。
3. 学生应能在工作后自我反思并做出改进。

建议课时：2 课时

一、学业评价

学习者对已学过的知识及实践操作进行学业评价。

见表 9-11。

表 9-11　考核表

<table>
<tr><td colspan="3">任务名称：驾驶叉车起步、行进</td><td colspan="4">日期：</td></tr>
<tr><td>项目</td><td colspan="2">考核点</td><td>分值</td><td>个人
评分</td><td>小组
评分</td><td>教师
评分</td></tr>
<tr><td rowspan="7">知识技
能考核</td><td colspan="2">认知叉车驾驶舱内部件</td><td>10</td><td></td><td></td><td></td></tr>
<tr><td colspan="2">认知叉车仪表盘</td><td>10</td><td></td><td></td><td></td></tr>
<tr><td colspan="2">会检查叉车状况</td><td>10</td><td></td><td></td><td></td></tr>
<tr><td colspan="2">熟记叉车起步流程</td><td>10</td><td></td><td></td><td></td></tr>
<tr><td colspan="2">熟记叉车起步要领</td><td>10</td><td></td><td></td><td></td></tr>
<tr><td colspan="2">会驾驶叉车起步</td><td>20</td><td></td><td></td><td></td></tr>
<tr><td colspan="2">会驾驶叉车前进、后退</td><td>10</td><td></td><td></td><td></td></tr>
<tr><td rowspan="4">职业素
养考核</td><td>课前</td><td>做好预习工作</td><td>5</td><td></td><td></td><td></td></tr>
<tr><td rowspan="2">课中</td><td>能良好地与老师、同学沟通交流</td><td>5</td><td></td><td></td><td></td></tr>
<tr><td>能独立完成任务</td><td>5</td><td></td><td></td><td></td></tr>
<tr><td>课后</td><td>能够查找自身不足并改进</td><td>5</td><td></td><td></td><td></td></tr>
<tr><td colspan="3">合计</td><td></td><td></td><td></td><td></td></tr>
<tr><td>自我
反思</td><td colspan="6"></td></tr>
</table>

二、学习总结

学习者对本学习任务的掌握情况，简要说明做得好的方面以及不足之处。见表 9-12。

表 9-12　学习总结

学习任务十
内燃式平衡重式叉车的半坡起步操作

1. 学生应能结合工作情景和内燃式平衡重式叉车基本知识，明确工作任务、安全操作等要求。
2. 学生应能正确熟记半坡起步的步骤，并掌握各项基础技能。
3. 学生应能牢记内燃式叉车安全操作注意事项。
4. 学生应能在行驶前检查叉车，并正确操作叉车前进、后退。
5. 学生应能规范完成叉车行驶过程的停止和重新起动。
6. 学生应能熟练操作离合器踏板、变换挡位、手制动操纵杆、加速踏板。
7. 学生应能熟悉半坡起步的步骤。
8. 学生应能根据任务要求和实际情况，合理制订工作计划。
9. 学生应能独立完成半坡起步的操作。
10. 学生应能按照制订计划要求完成小组的任务。
11. 学生应能发挥团队精神，经过讨论提出修改意见。
12. 学生应能在工作过程中与人良好地交流与合作。
13. 学生应能总结出工作过程中的优点与不足。
14. 学生应能对工作过程中的理论、技能和职业素养进行互评和自评。
15. 学生应能在工作后自我反思并做出改进。

建议课时：10 课时

工作情景描述

某叉车培训中心培训员小李接到某木材加工厂的仓管员进行叉车培训的通知，按要求进行叉车技能的培训并通过技能考试，其中一项培训技能为叉车半坡起步的操作。

1. 任务发布。
2. 制订计划。
3. 任务实施。
4. 评价反馈。

学习活动1　任务发布

1. 学生应能结合工作情景和内燃式平衡重式叉车基本知识，明确工作任务、安全操作等要求。
2. 学生应能正确熟记半坡起步的步骤，并掌握各项基础技能。
3. 学生应能牢记内燃式叉车安全操作注意事项。

建议课时：2课时

一、阅读内燃式平衡重式叉车技能考试的要求

见表10-1。

表10-1　叉车场内道路考试评分表

姓　名			身份证号		
序号	流程	项　目	扣分标准	违例次数	扣分
1	起步	启动前，未检查场车状态	每次扣2分		
2		启动前，未系好安全带	每次扣5分		
3		起步前，不鸣笛，不打方向灯	每次扣2分		
4		起步时，未松开驻车制动	每次扣5分		
5		起步不平稳	每次扣5分		
6	行驶	换挡不规范	每次扣5分		
7		离合器使用不规范	每次扣5分		
8		方向灯使用不规范	每次扣5分		
9		行车制动使用不规范	每次扣10分		
10		调头、转向时，打急舵	每次扣5分		
11		熄火	每次扣15分		
12		货叉拖地运行	每次扣5分		
13		货叉未后倾	每次扣10分		
14		货叉离地不在20～30cm范围内	每次扣5分		

续表

序号	流程	项　目	扣分标准	违例次数	扣分
15	行驶	坡道停车时，距离停车线误差大于 20cm	每次扣 10 分		
16		坡道起步时，溜车大于 20cm，但不大于 50cm	每次扣 10 分		
17	停车	操作杆未复位	每次扣 5 分		
18		未切断电源、未拉紧驻车制动、货叉未落地	每次扣 5 分		
19	其他	未按照考评员要求完成项目	不合格		
20		中途熄火 2 次以上（含 2 次）	不合格		
21		违反厂区内道路行驶规定	不合格		
22		坡道起步时，溜车大于 50cm	不合格		
23		紧急情况处理不当	不合格		
本科目得分（=100-总扣分）：					
备注：					
现场考评人员：					

二、认识内燃式平衡重式叉车外观，查看叉车训练场地

1．参照以往课程所学内容，查看叉车训练现场的基本情况（包括叉车起始位置、坡道划线停止的位置、坡道宽度和长度等），做好记录。

2．在教师指导下，观察叉车外观，并做初步检查处理，包括是否配备安全帽，叉车能否正常启动、外观有无明显异常、部件有无松动等，将异常现象做好记录。

三、明确工作任务

通过学习叉车的结构、常见属具和参数等叉车基础知识，结合任务内容，请描述工作任务的内容以及注意事项。

____

____

____

____

____

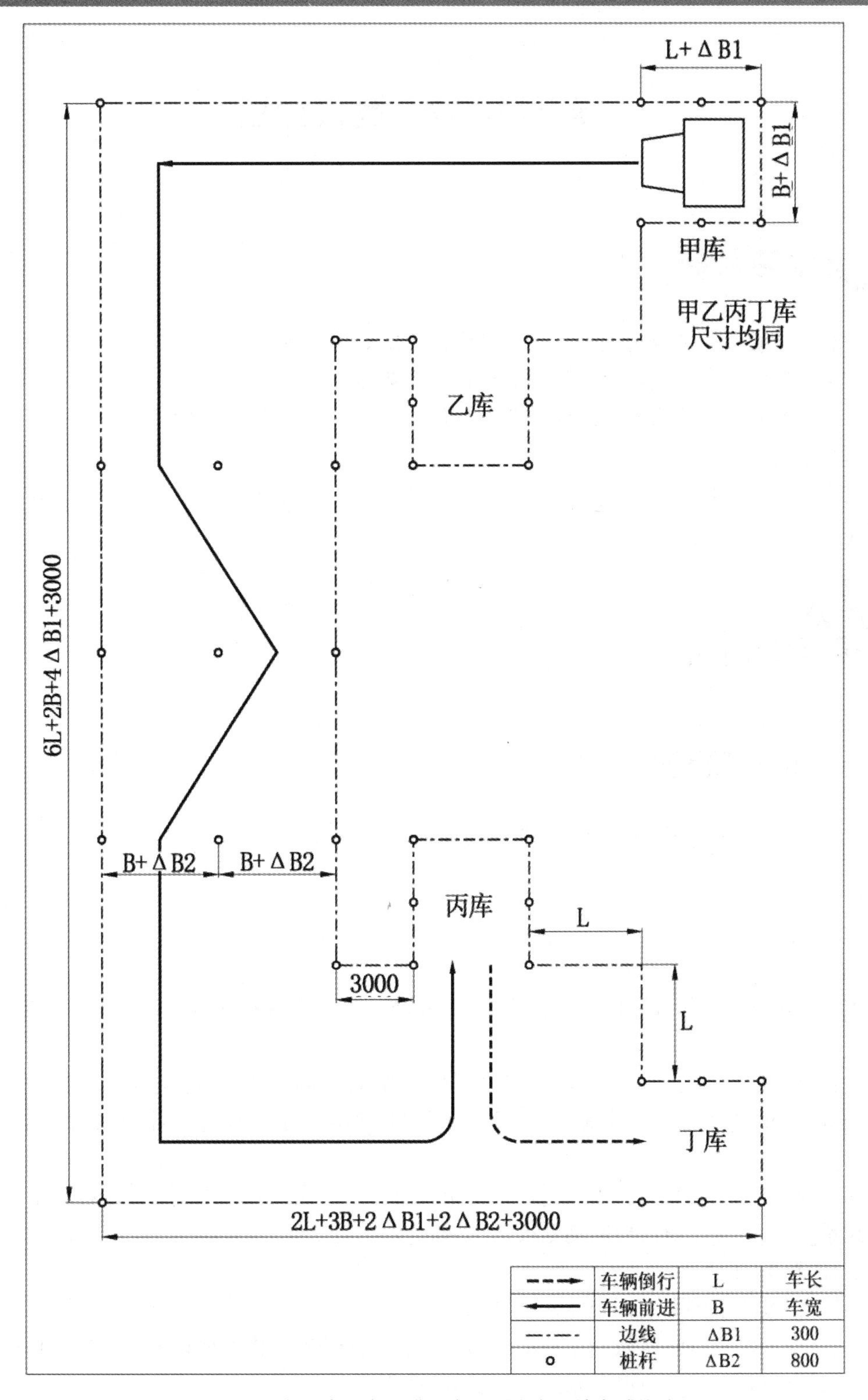

- - -→	车辆倒行	L	车长
←—	车辆前进	B	车宽
—·—·—	边线	ΔB1	300
o	桩杆	ΔB2	800

图 10-1　搬运车、牵引车、推顶车和观光车场地考试线路图

学习活动 2　制订计划

1．学生应能在行驶前检查叉车，并正确操作叉车前进、后退。
2．学生应能规范完成叉车行驶过程的停止和重新起动。
3．学生应能熟练操作离合器踏板、变换挡位、手制动操纵杆、加速踏板。
4．学生应能熟悉半坡起步的步骤。
5．学生应能根据任务要求和实际情况，合理制订工作计划。

建议课时：2 课时

一、相关知识的学习

（一）内燃式平衡重式叉车半坡起步

1．操作要领。

（1）行驶至坡道的 1/2 处时踏下____________，挂入空挡停车，拉紧手制动操纵杆，左手握稳方向盘，两眼注视前方。

重新起步，挂入前进一挡，右手鸣喇叭后按下手制动操纵杆的按钮，踏下加速踏板，及时放松____________。

（2）视坡度大小，踏下加速踏板，将发动机转速提高到适当程度，同时松抬离合器踏板呈半联动。此时立即松开手制动，叉车即平稳起步。随后徐徐踏下加速踏板，完全松抬_________，加速行驶。

（3）起步时，如感到动力不足，叉车无法前进时，应立即踏下离合器踏板和制动踏板，然后拉紧_________，再放松制动踏板，重新起步。

2．注意事项。

（1）在坡道上停车后，应拉紧手制动，防止叉车下滑。

（2）挂一挡后，注意做到手制动、离合器和加速踏板操作的密切配合，松手制动的时间严禁过长，一般_______s 应完成松开手制动的动作。

（3）一旦发生后滑，应立即停车，重新起步。严禁猛然开始向前起步，以免损坏机件。

内燃式平衡重式叉车半坡起步小提示：

1.（1）离合器踏板；手制动操纵杆　（2）离合器　（3）手制动　2.（2）1～2

（二）内燃式平衡重式叉车的挂挡

1．操作要领。

在确认柴油叉车启动完成并踏下离合器踏板后，用右手将方向挡按需求挂入前进挡或后退挡，速度挡一般挂入______速挡起步。

2．注意事项。

（1）柴油叉车启动前，方向挡与速度挡都要处于______挡状态。

（2）换挡时两眼应注视前方，保持正确的驾驶姿势，不得向下看变速杆。

（3）变速杆移至空挡后不要来回晃动。

（4）齿轮发响和不能换挡时，不能硬推，应重新换挡。

（5）换挡时要掌握好转向盘。

3．低速挡换高速挡。

起步和倒车一般用低速挡运行，如需要加速可换高速挡运行，操作方法：脚抬油门，同时踏下_________，将变速杆摘入空挡，然后抬离合器，再迅速踏下离合器，将变速杆换入高速挡，使车辆继续平稳行进。

4．高速挡换低速挡。

（1）踩制动踏板减速，同时踏下离合器，把变速杆置于______位置。

（2）摘下变速杆的同时迅速抬起离合器，加空油。

（3）加空油完毕，迅速踏下离合器，同时将变速杆换入______挡。

（4）变速器换入低挡位置后，稳抬离合器，同时逐渐加油，使车平稳前进。

通常用脚踩离合器踏板，中间踏下加速踏板。先放松加速踏板，使叉车减速，然后踏下离合器踏板，将变速杆移入空挡，在抬起离合器踏板后踏下加速踏板，再踏下离合器踏板，并将变速杆挂入低挡。最后在放松离合器踏板的同时踏下加速踏板。

叉车在行驶中，驾驶员应准确地掌握换挡时机。加挡过早或减挡过晚，都会因发动机不足造成传动系统抖动；加挡过晚或减挡过早，则会使低挡使用时间过长，而使燃料经济性变差，必须掌握换挡时机，做到及时、准确、平稳、迅速。

内燃式平衡重式叉车的挂挡小提示：

1．低　2．空　3．离合器　4．空挡；低

二、基础技能的训练及考核

（一）离合器、加速器的操作

1．实训内容。

通过观察教师示范操作，总结叉车停止和起动时离合和加速器的操作要领，熟记动作顺序，将表 10-2 填写完整后上车操作。

2. 实训评价。

表 10-2 评价表

项目	考核点	配分	扣分	得分
知识技能考核	完成叉车的前进离合操作	20		
	完成叉车的前进加速器操作	20		
	安全驾驶叉车，不熄火	20		
职业素养考核	课程中能充分和老师、同学交流	20		
	能独立完成操作	20		
合计				
自我反思				

（二）行驶过程的挂挡操作

1. 实训内容。

通过观察教师示范操作，总结叉车挂挡和换挡操作要领，熟记动作顺序，将表 10-3 填写完整后上车操作。

2. 实训评价。

表 10-3 评价表

项目	考核点	配分	扣分	得分
知识技能考核	完成松开手动制动操作	30		
	完成挂空挡、其他挡位的挂挡操作	30		
	安全驾驶叉车，不熄火	20		
职业素养考核	课程中能充分和老师、同学交流	10		
	能独立完成操作	10		
合计				
自我反思				

三、对人员进行分工，制订小组工作计划

学习并掌握基础操作后，根据工作任务要求，结合实际场地线路，制订小组工作计划。见表 10-4。

表 10-4　“叉车半坡起步操作”工作计划

一、人员分工

1. 小组负责 ：____________

2. 小组成员及分工

姓名	分工

二、设备的准备

序号	设备名称	数量	备注

三、叉车技能的应用

序号	操作名称	操作路线	完成时间	备注

四、安全防护措施

____

____

____。

学习活动 3　任务实施

1. 学生应能独立完成半坡起步的操作。
2. 学生应能按照制订计划要求完成小组的任务。
3. 学生应能发挥团队精神，经过讨论提出修改意见。
4. 学生应能在工作过程中与人良好地交流与合作。

建议课时：4 课时

一、叉车的半坡起步操作

场地路线示意图如图 10-2 所示。

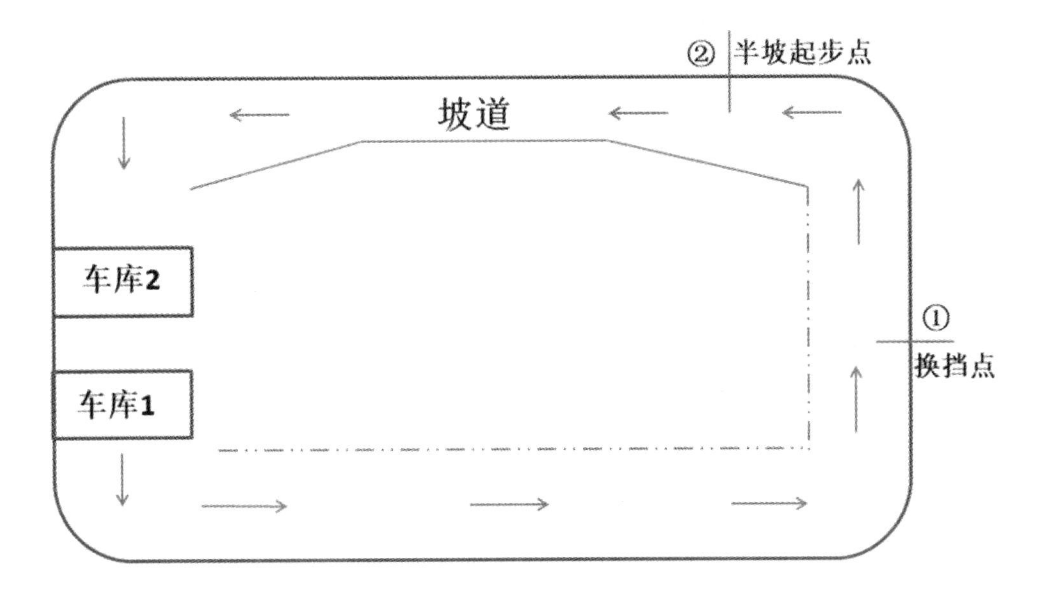

图 10-2　场地路线示意图

1．以小组为单位，完成半坡起步操作。

见图 10-3。

图 10-3　半坡起步

2．教师对本次的操作过程进行点评。

见表 10-5。

表 10-5　叉车场内道路考试评分表

姓　名			身份证号		
序号	流程	项　　目	扣分标准	违例次数	扣分
1	起步	启动前，未检查场车状态	每次扣 2 分		
2		启动前，未系好安全带	每次扣 5 分		
3		起步前，不鸣笛，不打方向灯	每次扣 2 分		
4		起步时，未松开驻车制动	每次扣 5 分		
5		起步不平稳	每次扣 5 分		
6	行驶	换挡不规范	每次扣 5 分		
7		离合器使用不规范	每次扣 5 分		
8		方向灯使用不规范	每次扣 5 分		
9		行车制动使用不规范	每次扣 10 分		
10		调头、转向时，打急舵	每次扣 5 分		
11		熄火	每次扣 15 分		
12		货叉拖地运行	每次扣 5 分		
13		货叉未后倾	每次扣 10 分		
14		货叉离地不在______～____cm 范围内	每次扣 5 分		
15		坡道停车时，距离停车线误差大于 20cm	每次扣 10 分		
16		坡道起步时，溜车大于__cm，但不大于______cm	每次扣 10 分		
17	停车	操作杆未复位	每次扣 5 分		
18		未切断电源、未拉紧驻车制动、货叉未落地	每次扣 5 分		
19	其他	未按照考评员要求完成项目	不合格		
20		中途熄火________次以上（含___次）	不合格		
21		违反厂区内道路行驶规定	不合格		
22		坡道起步时，溜车大于______cm	不合格		
23		紧急情况处理不当	不合格		
本科目得分（=100-总扣分）：					
备注：					
现场考评人员：					

小提示：货叉离地范围控制在 20～30cm 内。坡道起步时，溜车大于 20cm，但不大于 50cm 每次扣 10 分，坡道起步时，溜车大于 50cm 为不合格。中途熄火 2 次以上（含 2 次）为不合格。

3．发挥团队的作用，各小组对操作提出修改意见。

二、注意安全操作

1．发动机启动后，切勿猛踩________，以免造成机油压力过高，发动机磨损加剧。

2．叉车起步时应保证迅速、平稳，无冲动、振抖、________现象，操作动作要准确。

3．在坡道上停车后，应拉紧________，防止叉车后滑。一旦发生后滑，应立即停车，重新起步。严禁猛然开始向前起步，以免损坏机件。

4．换挡时两眼应注视前方，掌握好转向盘，保持正确的驾驶姿势，不得向下看变速杆。

5．挂 1 挡后，注意做到手制动、离合器和加速踏板操作的密切配合，松手制动的时间严禁过长，一般________～________s 应完成松开手制动的动作。

6．变速杆移至空挡后不要来回晃动。

7．齿轮发响和不能换挡时，不能硬推，应重新换挡。

8．经过弯道行驶时，提前打好转向灯，通过弯道后即可回正。

注意安全操作小提示：1．加速踏板　2．熄火　3．手制动　5．1～2

学习活动 4　评价反馈

1．学生应能总结出工作过程中的优点与不足。
2．学生应能对工作过程中的理论、技能和职业素养进行互评和自评。
3．学生应能在工作后自我反思并做出改进。

建议课时：2 课时

一、学业评价

以小组为单位，展示本组制订的工作计划。然后在教师点评的基础上对工作计划进行修改完善，并根据以下评分标准进行评分。

见表 10-6。

表 10-6 测评表

班级： 姓名：

任务名称：内燃式平衡重式叉车的半坡起步操作				日期：		
项目	考核点		分值	个人评分	小组评分	教师评分
知识技能考核	熟知内燃式平衡重式叉车的构造		10			
	半坡起步的步骤是否合理		10			
	内燃式平衡重式叉车的安全操作		10			
	内燃式平衡重式叉车是在规定的停车线范围		10			
	坡道重新起步后溜是否超过规定距离		10			
	叉车是否熄火		10			
职业素养考核	课前	做好预习工作	10			
	课中	能良好地与老师、同学沟通交流	10			
		独立完成实训任务	10			
	课后	能够查找自身不足并改进	10			
合计						
自我反思						

二、学习总结

学习者对本学习任务的掌握情况，简要说明做得好的方面以及不足之处。

见表 10-7。

表 10-7 学习总结

学习任务十一

内燃式平衡重式叉车的上下架操作

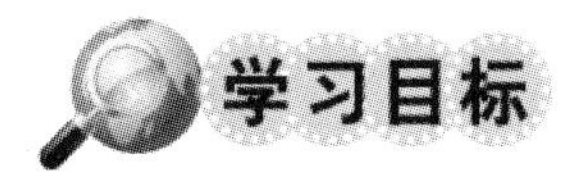

1. 学生应能结合工作情景和内燃式平衡重式叉车基本知识，明确工作任务、安全操作等要求。
2. 学生应能正确熟记叉车的上下架的步骤，并掌握各项叉车操作基础技能。
3. 学生应能牢记内燃式叉车安全操作注意事项。
4. 学生应能在行驶前检查叉车，并正确操作叉车前进、后退。
5. 学生应能规范完成叉车的对车操作。
6. 学生应能完成叉车的倒车入库和侧方停车操作。
7. 学生应能操作叉车带货在“S”“L”等路线上行驶。
8. 学生应能完成叉车带货上、下架操作。
9. 学生应能根据任务要求和实际情况，合理制订工作计划。
10. 学生应能独立完成货品的上架和下架操作。
11. 学生应能按照制订计划要求完成小组的任务。
12. 学生应能够发挥团队精神，经过讨论提出修改意见。
13. 学生应能在工作过程中与人良好地交流与合作。
14. 学生应能总结出工作过程中的优点与不足。
15. 学生应能对工作过程中的理论、技能和职业素养进行互评和自评。
16. 学生应能在工作后自我反思并做出改进。

建议课时：24 课时

工作情景描述

某物流配送中心仓管员小张接到某电子产品公司的发货通知单，要求按照物流中心场地叉车的行驶路线，将20台台式电脑出库，并将补货区上的货物返库上架（见图 11-1）。

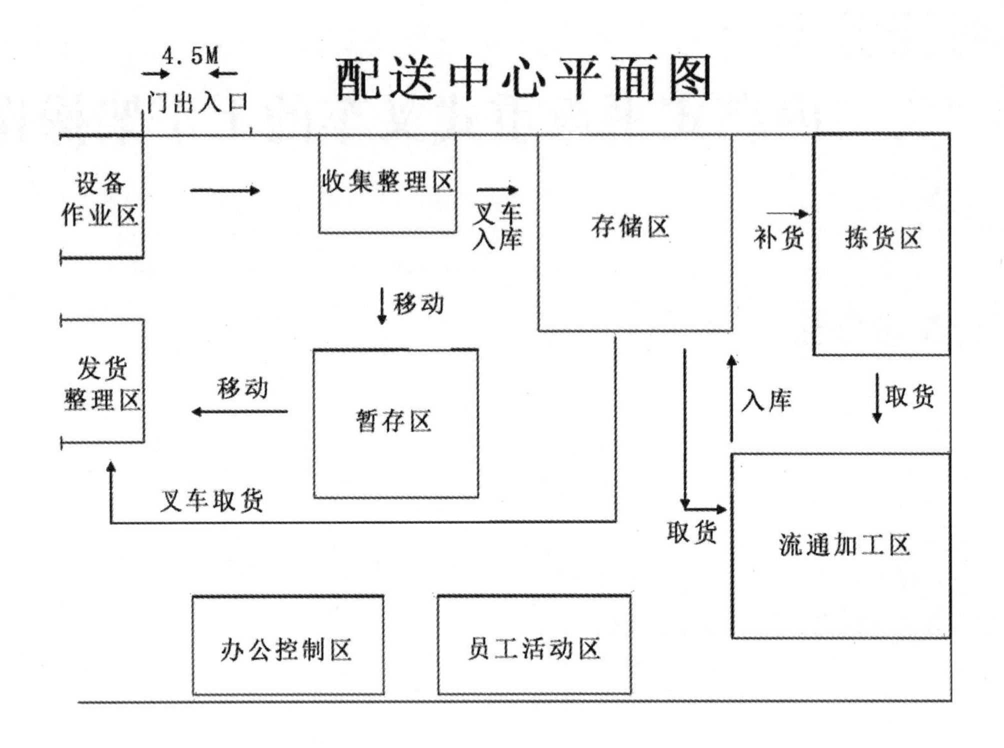

图 11-1　配送中心平面图

1. 任务发布。
2. 制订计划。
3. 任务实施。
4. 评价反馈。

学习活动 1　任务发布

1. 学生应能结合工作情景和内燃式平衡重式叉车基本知识，明确工作任务、安全操作等要求。
2. 学生应能正确熟记叉车的上下架的步骤，并掌握各项叉车操作基础技能。
3. 学生应能牢记内燃式叉车安全操作注意事项。

建议课时：2 课时

一、阅读接到的发货通知单

阅读发货通知单（见表 11-1），说出本次任务的工作内容、时间要求、技术要求等基本信息。

表 11-1　发货通知单

某电子有限公司 发货通知单							
发货通知单号：ASN201502590008 收货客户：某物流中心　　发货日期：2020 年 05 月 28 日 发货仓库：某物流配送中心　　仓库联系人：谢宇　　仓库电话：（020）××××0558							
序号	货品编号	货品名称	规格	单位	计划数量	实际数量	备注
1	HMN18-106P	台式电脑	1 件/箱	箱	20		
				合计	20		
制单人：周洁　　审核人：李明　　第 1 页 共 1 页							

二、认识内燃式平衡重式叉车外观，查看物流配送中心仓库场地

1. 参照以往课程所学内容，查看仓库现场的基本情况（包括发货区、货架区、托盘交接区、叉车行驶通道等），做好记录。

2. 在教师指导下，观察叉车外观并做初步检查处理，包括叉车有无安全帽，叉车能否正常启动、外观有无明显异常、部件有无松动等，将异常现象做好记录。

学习活动 2　制订计划

1. 学生应能在行驶前检查叉车，并正确操作叉车前进、后退。
2. 学生应能规范完成叉车的对车操作。
3. 学生应能完成叉车的倒车入库和侧方停车操作。
4. 学生应能操作叉车带货在“S”“L”等路线上行驶。
5. 学生应能完成叉车带货上、下架操作。
6. 学生应能根据任务要求和实际情况，合理制订工作计划。

建议课时：8 课时

一、相关知识的学习

（一）内燃式平衡重式叉车上、下货架操作的评分标准

见表 11-2 和图 11-2。

表 11-2　评分表

姓　名			身份证号		
规定考试时间		4 分钟	实际操作时间	分钟　　秒	
序号	流程	项　　目	扣分标准	违例次数	扣分
1	起步	启动前，未检查场车状态	每次扣 2 分		
2		启动前，未系好安全带	每次扣 5 分		
3		起步前，不鸣笛	每次扣 2 分		
4		起步时，未松开驻车制动	每次扣 5 分		
5		起步不平稳	每次扣 5 分		
6	行驶	换挡不规范	每次扣 5 分		
7		离合器使用不规范	每次扣 5 分		
8		原地打方向	每次扣 2 分		
9		行车制动使用不当	每次扣 5 分		
10		熄火	每次扣 10 分		
11		擦桩、压线	每次扣 10 分		
12		货叉拖地运行或者堆垛物件落地	每次扣 10 分		
13		货叉未后倾	每次扣 5 分		
14		货叉离地不在 20～30cm 范围内	每次扣 5 分		
15		司机身体探出车身外	每次扣 10 分		
16		司机离开座位	每次扣 5 分		
17	作业	货叉进出堆垛物件时，堆垛物件移动大于 20cm	每次扣 10 分		
18		堆垛拆垛时还手（即货叉插入堆垛物件时，位置不对，场车倒退后重新插入）	每次扣 5 分		
19		货叉起升时，货叉未完全插入堆垛物件或者货物重心不稳	每次扣 10 分		
20		门架未按顺序动作	每次扣 2 分		
21		堆垛物件摆放不到位	每次扣 2 分		

图 11-2　实训场地

（二）叉车上、下架操作注意事项

1．托盘货物的上架和下架都要做到轻取轻放。

2．托盘货物上架、下架时都不要撞击货架。

3．货物上架时一定要对准存放的储位，存放时不要碰撞旁边的货物。

4．货物下架，当叉车倒车时速度要慢一些，不要太快。如果快速退出会使叉车产生剧烈摇晃，导致货物处于不平稳的状态。

5．通过操纵杆操纵门架动作或调整叉高，要求动作连续，一次到位；不允许反复多次调整，以提高作业效率。

6．托盘上架、下架都要保证________安全、______安全和________安全。

叉车上、下架操作注意事项小提示：6．人身；财产；设备

二、基础技能的训练及考核

（一）叉车的起步与停车

1．实训内容。

通过观察教师示范操作，总结叉车起步以及停车操作要领，熟记动作顺序后，上车操作。

2．实训评价。

完成叉车前进与后退操作后，自主填写实训评价表（表 11-3）。

表 11-3　评价表

项目	考核点	配分	扣分	得分
知识技能考核	完成叉车的前进操作	20		
	完成叉车的后退操作	20		
	安全驾驶叉车	20		
职业素养考核	课程中能充分和老师、同学交流	20		
	能独立完成操作	20		
合计				
自我反思				

（二）叉车的对车操作

1．实训内容。

叉车对车操作主要训练驾驶员对车身的控制，以便下一步取货作业的学习。实训场地如图 11-3 所示。

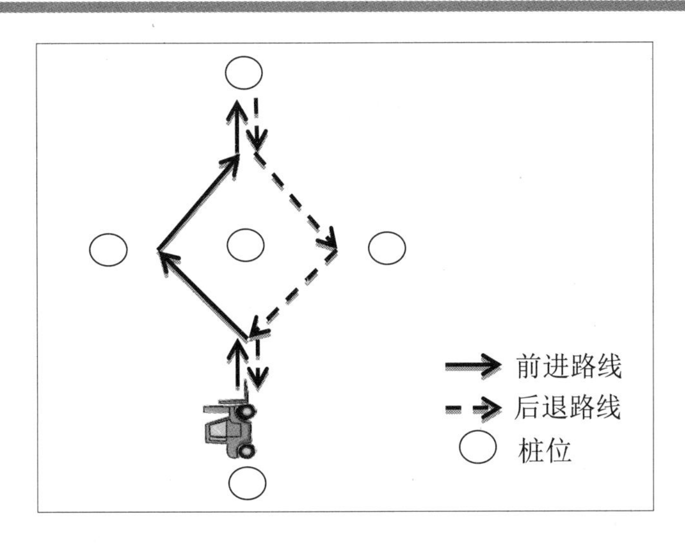

图 11-3　实训场地图

通过观察教师示范操作，熟悉对车的操作动作和程序，将以下内容填写完整后上车操作。

对车操作要领：

（1）叉车向前，驶入________的路线（前进路线），避开障碍物，摆好方位，继续向前，直到上方的桩子位于货叉________，并使桩子尽量__________车身。

（2）叉车倒车，驶入____________的路线（倒车路线），避开障碍物，摆好方位，最后驶向正下方的桩子。

叉车的对车操作小提示：（1）左侧；中间；靠近　（2）右侧

2．实训评价。

见表 11-4。

表 11-4　评价表

项目	考核点	配分	扣分	得分
知识技能考核	是否碰撞到障碍物	30		
	对车是否准确	30		
	安全驾驶叉车	20		
职业素养考核	课程中能充分和老师、同学交流	10		
	能独立完成操作	10		
合计				
自我反思				

（三）倒车入库和侧方移位

1．实训内容。

（1）前进选位停车。

叉车挂__________起步后，稳速前进，使叉车靠左（右）车库一侧行驶（注意留足车与车库之间的距离）。待方向盘与________对齐时，迅速向右（左）将方向盘转足，使叉车向车库前方行驶。当叉尖距车库对面路边线____________左右时，迅速回转方向盘，并随即停车脱挡。

（2）后倒入库。

后倒前，先调整好驾驶姿势，选好目标。叉车起步后，向右（左）转动方向盘缓慢后倒。当叉车__________进入车库时，应及时向左（右）回转方向，并前后照顾，及时____________，使车身保持正直倒进库内。回正车轮后，立即停车。

（3）侧方停车。

①第一次前进，叉车起步后，应向_____转动方向盘（以右后轮不压线为界），待货叉_____前端距标线 1m 时，迅速_________转动方向盘，使车尾向左摆。当车头稍向右偏，或叉尖距标线________时，迅速向_____转动方向盘，将至标线时立即停车脱挡。

②第一次倒车，挂倒挡起步后即向____迅速转足方向（注意左前角不要刮碰标线），并向后观察，待________距后标线 1m 时，迅速向______转动方向盘，使车尾向右摆，当车尾距后标线______时，迅速向左转动方向盘，将至标线时随即停车挂入空挡。

③第二次前进，低速挡刚起步立即向左转足方向，当看到叉车_______距右侧边线距离较小时，即向右回正方向。沿此线继续前进，尽量使叉车保持_____行驶。待车前进到距前标线约 0.5m 时，向左回转方向，并挂入空挡。

④第二次倒车，车起步后，在向左转方向的同时，随即注意车后部与_______和中线之间的位置情况，车尾部距后标线 1m 时，稍向右回转方向；同时观察叉车位置，取_______倒车，如稍有差，及时修正。待距后标线约 0.5m 时，回头前看，使叉车保持正直位置，并停车挂入空挡。

倒车入库和侧方移位小提示：（1）低速挡；库门；1m （2）尾部；修正方向 （3）①左；叉尖；向右；0.5m；左 ②右；车尾；右；0.5m ③左叉尖；正直 ④外标线；等距离

2．实训评价。

见表 11-5。

表 11-5 评价表

	考核点	配分	扣分	得分
知识技能考核	完成倒车入库操作	30		
	完成侧方停车操作	30		
	安全驾驶叉车	20		
职业素养考核	课程中能充分和老师、同学交流	10		
	能独立完成操作	10		
合计				
自我反思				

（四）叉车的带货行驶

1．实训内容。

（1）叉车带货绕桩。

带货绕桩场地如图 11-4 所示。

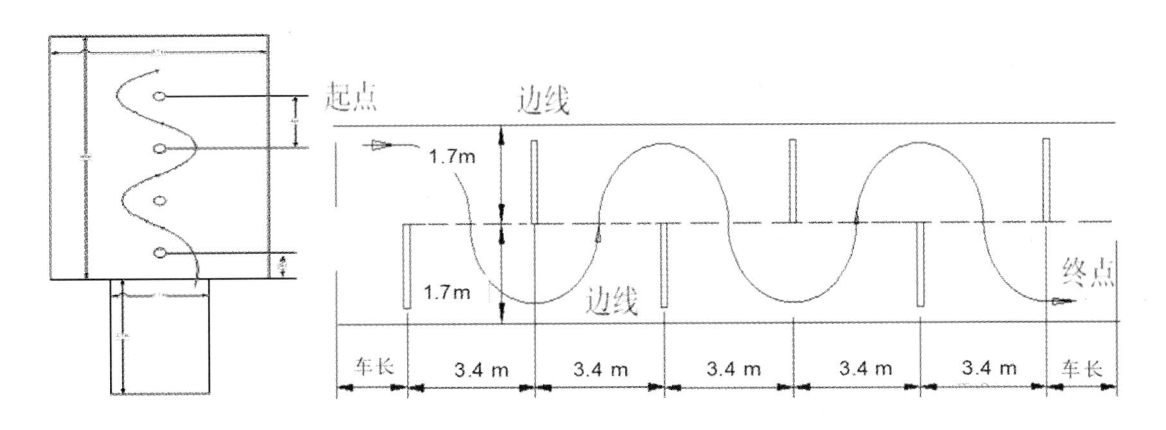

图 11-4　S 形路线示意图

通过老师示范和讲解，学习带货绕桩的操作要领，完成以下内容的填写后上车操作。

见表 11-6。

表 11-6　叉车带货绕桩操作要领

①叉车起步离开车库，从_______开始绕桩。右侧车身尽量贴近桶桩，在桶桩位置处于右后门位置时，开始向右转向。到第二个桶桩位于_______侧车头位置时，回正方向； ②在正常坐姿下，第二个桶桩位于左右后视镜位置时，开始往___转向，左侧车身贴近桶桩通过。到第三个桶桩位于车头______位置时，开始回正方向。到第三个桶桩位于车头右方时，开始________转向； ③在转向的过程中，最主要是车辆重心转移的问题。加速的时候，重心会______，所以车辆会有______现象；减速的时候，重心又前移，造成点头；左转，重心右移，所以_______会下沉造成侧倾；右转则相反。所以绕桩的时候，当从左边向右开始转向过桩时，重心左前移，_______会下沉，车头更明显；方向回正时，重心开始往车辆中心回位，车身侧倾也开始得到修正；从右向左开始转向过桩时，重心又迅速右移，右侧车身被压低

叉车带货绕桩操作要领小提示：①左；左　②左；右面；右　③后移；抬头；右面；左面

（2）叉车带货行驶 L 形路线。

通过老师示范和讲解，学习带货行驶 L 形路线的操作要领，并完成以下内容的填写后上车操作。

见表 11-7。

表 11-7 叉车带货行驶 L 形路线操作要领

叉车 L 形前进操作	①车辆进入 L 形区域时，应尽量靠近______边线，内侧车轮与内侧边线应保持约______的距离，并保持平行前进。距离直角 1～2m 处______。待门架与折转点平齐时，迅速向左（右）转动转向盘，使叉车内前轮绕直角转动，直到后轮将越过______边线时，再回转转向盘。把方向回正后，按新的行进方向行驶，完成此次前进操作
叉车 L 形后退操作	②叉车______沿外侧行驶，为前轮留下安全行驶距离。当叉车______线与直角点对齐时，迅速向左（右）转动转向盘到极限位置，待前轮过______时立即回转方向摆正车身，继续后退行驶

叉车带货行驶 L 形路线操作要领小提示：①内侧；10cm；减速慢行；外侧 ②后轮

2．实训评价。

见表 11-8。

表 11-8 评价表

项目	考核点	配分	扣分	得分
知识技能考核	完成叉车带货绕桩	30		
	完成叉车带货行驶 L 形路线	30		
	安全驾驶叉车	20		
职业素养考核	课程中能充分和老师、同学交流	10		
	能独立完成操作	10		
合计				
自我反思				

（五）单一货架的上、下架

1．实训内容。

通过老师示范和讲解，阅读并熟知叉车的上、下架操作要领后上车操作。

见表 11-9。

表 11-9　上、下架要领

项目	步骤说明
上架	1．将叉车慢慢驶入货架，距离货架 30cm 处，调整货叉至水平； 2．根据储位高度，调整叉高，托盘高度应该高于货架高度； 3．托盘对准储位后，驶入货位。保证托盘存放位置居中，且与货架边缘距离 10cm 左右； 4．缓慢将托盘放置货架上，避免紧贴货架； 5．平稳放置货物后，缓慢抽出货叉，离开货架距离 20cm 后停车调整货叉，门架后倾
下架	1．将叉车慢慢驶入货架，距离货架 30cm 处，调整货叉至水平； 2．根据托盘高度和货架高度，调整叉高； 3．叉取托盘； 4．慢慢抽出托盘，避免与货架上的横梁发生碰撞； 5．挂倒车挡，后退至托盘距离货架 30cm 处停车调整叉高，门架后倾； 6．驾驶叉车带货行驶至货物存放地

2．实训评价。

见表 11-10。

表 11-10　评价表

项目	考核点	配分	扣分	得分
知识技能考核	完成叉车上架操作	30		
	完成叉车下架操作	30		
	安全驾驶叉车	20		
职业素养考核	课程中能充分和老师、同学交流	10		
	能独立完成操作	10		
合计				
自我反思				

三、对人员进行分工，制订小组工作计划

学习完基础实操后，根据工作任务要求，结合物流配送中心的实际场地路线，制订小组工作计划。

见表11-11。

表11-11 "货物的出库及返库上架"工作计划

一、人员分工

1．小组负责人：____________

2．小组成员及分工

姓名	分工

二、设备的准备

序号	设备名称	数量	备注

三、叉车技能的应用

序号	操作名称	操作路线	完成时间	备注

四、安全防护措施

____

____

____

____

学习活动3　任务实施

1. 能够独立完成货品的上架和下架操作。
2. 按照制订计划要求完成小组的任务。
3. 能够发挥团队精神，经过讨论提出修改意见。

建议课时：12课时

按照发货通知单，完成任务需要有两个操作内容，包括出库下架和返库上架，都需要运用到之前所学习到的叉车技能。

一、叉车的上、下架操作要领

（一）叉车上架操作要领

上架主要是指利用叉车叉取托盘，行驶到货架的指定存放位置，调整门架、货叉，驶入存储货位，在货架上轻放托盘，抽出货叉，即完成了托盘的上架操作。

叉车托盘上架主要包括八个操作步骤，即__________、__________、__________、__________、__________、__________、__________、__________。

1. 叉车驾驶员驾驶带有托盘的货物，缓慢行驶至距离货架__________cm左右停下，挂空挡，拉紧手制动操纵杆，防止叉车后滑。如图11-5所示。

图 11-5　叉车带货行驶

2．将货叉调整至水平，使货叉上的货物也处于__________状态。如图 11-6 所示。

图 11-6　货物处于水平状态

3．叉车驾驶员根据货架储位的高度调整叉高，托盘的高度应__________于货架的高度。如图 11-7 所示。

图 11-7　托盘高度高于货架高度

4. 当托盘对准储位时，挂前进＿＿＿＿＿＿挡，松开手制动操纵杆，驾驶员驾驶叉车驶入货位。一般托盘的长度大于货架的宽度，因此托盘的存放应居中，但与货架的边缘距离＿＿＿＿＿＿cm 左右。如图 11-8 所示。

图 11-8　叉车驶入货位

5. 托盘货物进入储位后，挂＿＿＿＿＿＿，拉紧手制动操纵杆，防止叉车后滑，叉车驾驶员慢慢将托盘放在货架上，但货叉不要紧贴货架，以免损坏货架。如图 11-9 所示。

图 11-9　叉车货叉不能紧贴货架

6．叉车驾驶员在确保平稳放下托盘货物后，挂后退 1 挡，松开＿＿＿＿＿＿，慢慢后退，抽出货叉。如图 11-10 所示。

图 11-10　叉车抽出货叉

7．当货叉从托盘抽出距离货架＿＿＿＿＿＿cm 后停下，挂空挡，拉紧手制动操纵杆，方可调整叉高至离地＿＿＿＿＿＿～＿＿＿＿＿＿cm。如图 11-11 所示。

图 11-11　调整叉高

8. 叉车驾驶员操作叉车使门架后倾。叉车驾驶员挂后退 1 挡，松开手制动操纵杆，叉车后退驶离__________。如图 11-12 所示。

图 11-12　叉车门架后倾

叉车上架操作要领小提示：叉车托盘上架主要包括八个操作步骤：驶入货架、门架水平、调整叉高、驶入储位、轻放托盘、抽出货叉、调整叉高、门架后倾驶离货架　1. 30　2. 水平

3. 高　4. 1；10　5. 空挡　6. 手制动操纵杆　7. 20；20～30　8. 货架

（二）叉车下架操作要领

叉车驾驶员驾驶叉车找到下架货物所在储位，调整货叉、叉取托盘，然后慢慢将托盘货物从货架上移出来，距离货架20cm后，门架后倾，调整叉高，将托盘运输到目的地，即完成了货物的下架操作。

叉车托盘下架的操作主要包括八个操作步骤，即__________、__________、__________、__________、__________、__________、__________、__________。

1. 叉车驾驶员驾驶叉车，缓慢行驶至距离货架__________cm左右停下，挂空挡，拉紧手制动操纵杆，防止叉车后滑。如图11-13所示。

图11-13　叉车行驶至货架

2. 叉车驾驶员将货叉调整至水平。如图11-14所示。

图11-14　叉车货叉呈水平状态

3．叉车驾驶员根据托盘的高度调整叉高。如图 11-15 所示。

图 11-15　**叉车货叉升高**

4．当货叉对准托盘时，挂前进 1 挡，松开手制动操纵杆，驾驶员驾驶叉车驶入货位，利用货叉叉取______。如图 11-16 所示。

图 11-16　**叉车驶入货位**

5．待货叉完全没入托盘后，叉车停下，挂空挡，拉紧手制动操纵杆，叉车驾驶员慢慢将托盘____，但不要升得过高，以免撞上货架上面的横梁。如图 11-17 所示。

图 11-17　叉车叉取托盘

6．叉车驾驶员在确保货物平稳的前提下，挂后退 1 挡，松开手制动操纵杆，进行后退操作，直至托盘距离货架____cm 左右。如图 11-18 所示。

图 11-18　叉车驶离货架

7．叉车驾驶员将叉车停下，挂空挡，拉紧手制动操纵杆，将货叉高度调整至离地____～____cm 左右。如图 11-19 所示。

图 11-19　调整货叉高度

8．叉车驾驶员操作叉车使门架后倾，挂后退 1 挡，松开手制动操纵杆，叉车带着托盘货物后退驶离货架，行驶至货物的存放地。如图 11-20 所示。

图 11-20　货叉后倾

叉车下架操作要领小提示：叉车托盘下架的操作主要包括八个操作步骤：驶入货架、货叉水平、调整叉高、进叉取货、微提托盘、叉车后退、调整叉高、门架后倾驶离货架　1. 30　4. 托盘　5. 升起　6. 20　7. 20～30

二、以小组为单位，完成货品下架操作

叉取货物标准八步法：叉车叉取货物的过程，可以概括为八个动作。

1. ______。叉车起步后，根据货垛位置，驾驶叉车行驶至货垛前面停稳。
2. ______。叉车停稳后将变速杆放入空挡，将倾斜操纵杆向前推，使门架复原至垂直位置。
3. ______。向后拉升降操纵杆，提升货叉，使货叉的叉尖对准货下间隙或托盘叉孔。
4. ______。将变速杆挂入前进 1 挡，叉车向前缓慢行驶，使货叉插入货下间隙或托盘的叉孔。当叉臂接触货物时，叉车制动。
5. ______。向后拉升降操纵杆，使货叉上升到叉车可以离开运行的高度。
6. ______。向后拉倾斜操纵杆，使门架后仰至极限位置。
7. ______。将变速杆挂后退 1 挡，缓解制动，叉车后退到货物可以落下的位置。
8. ______。向前推升降操纵杆，下放货叉至距地面 20～30cm 的高度。向后启动，驶向放货地点。

叉车操作员要严格按照规范操作设备，确保任务实施过程安全有序。

以小组为单位，完成货品下架操作小提示：1. 驶近货垛　2. 垂直门架　3. 调整叉高　4. 进叉取货　5. 微提货叉　6. 后倾门架　7. 退出货位　8. 调整叉高

三、教师对学员操作过程进行评价与反馈

见表 11-12。

表 11-12　评价表

姓　名			身份证号		
规定考试时间		4 分钟	实际操作时间	分钟　　秒	
序号	流程	项　　目	扣分标准	违例次数	扣分
1	起步	启动前，未检查场车状态	每次扣 2 分		
2		启动前，未系好安全带	每次扣 5 分		
3		起步前，不鸣笛	每次扣 2 分		
4		起步时，未松开驻车制动	每次扣 5 分		
5		起步不平稳	每次扣 5 分		
6	行驶	换挡不规范	每次扣 5 分		
7		离合器使用不规范	每次扣 5 分		
8		原地打方向	每次扣 2 分		
9		行车制动使用不当	每次扣 5 分		

续表

序号	流程	项　目	扣分标准	违例次数	扣分
10	行驶	熄火	每次扣 10 分		
11		擦桩、压线	每次扣 10 分		
12		货叉拖地运行或者堆垛物件落地	每次扣 10 分		
13		货叉未后倾	每次扣 5 分		
14		货叉离地不在 20～30cm 范围内	每次扣 5 分		
15		司机身体探出车身外	每次扣 10 分		
16		司机离开座位	每次扣 5 分		
17	作业	货叉进出堆垛物件时，堆垛物件移动大于 20cm	每次扣 10 分		
18		堆垛拆垛时还手（即货叉插入堆垛物件时，位置不对，场车倒退后重新插入）	每次扣 5 分		
19		货叉起升时，货叉未完全插入堆垛物件或者货物重心不稳	每次扣 10 分		
20		门架未按顺序动作	每次扣 2 分		
21		堆垛物件摆放不到位	每次扣 2 分		

四、发挥团队的作用，各小组对操作提出修改意见

____

____

____

____

五、安全操作情况小结

____

____

____

____

学习活动 4　评价反馈

1. 学生应能总结出工作过程中的优点与不足。
2. 学生应能对工作过程中的理论、技能和职业素养进行互评和自评。
3. 学生应能在工作后自我反思并做出改进。

建议课时：2 课时

一、学业评价

以小组为单位，展示本组的评分结果。然后在教师点评的基础上对工作计划进行修改完善，并根据以下评分标准进行评分。

见表 11-13 和 11-14。

表 11-13　上架操作测评表

班级：　　　　　　　姓名：

任务名称：内燃式平衡重式叉车的上架操作				日期：		
项目	考核点		分值	个人评分	小组评分	教师评分
知识技能考核	熟知内燃式平衡重式叉车的构造		10			
	内燃式平衡重式叉车路线制订是否合理		10			
	内燃式平衡重式叉车的安全操作		10			
	内燃式平衡重式叉车是否撞货架、压线		10			
	托盘是否移位、碰撞		10			
	设备是否正确、安全归位		10			
职业素养考核	课前	做好预习工作	10			
	课中	能良好地与老师、同学沟通交流	10			
		独立完成实训任务	10			
	课后	能够查找自身不足并改进	10			
合计						
自我反思						

表 11-14　下架操作测评表

班级：　　　　　　　　姓名：

任务名称：内燃式平衡重式叉车的下架操作				日期：		
项目	考核点		分值	个人评分	小组评分	教师评分
知识技能考核	熟知内燃式平衡重式叉车的构造		10			
	内燃式平衡重式叉车路线制订是否合理		10			
	内燃式平衡重式叉车的安全操作		10			
	内燃式平衡重式叉车是否撞货架、压线		10			
	托盘是否移位、碰撞		10			
	设备是否正确、安全归位		10			
职业素养考核	课前	做好预习工作	10			
	课中	能良好地与老师、同学沟通交流	10			
		独立完成实训任务	10			
	课后	能够查找自身不足并改进	10			
合计						
自我反思						

二、学习总结

学习者对本学习任务的掌握情况，简要说明做得好的方面以及不足之处。

见表 11-15。

表 11-15　学习总结

附录

工具书一览

一、电瓶式平衡重式叉车工具书

见下表。

<table>
<tr><th>序号</th><th>图片</th></tr>
<tr><td>1</td><td>
</td></tr>
</table>

续表

序号	图片
2	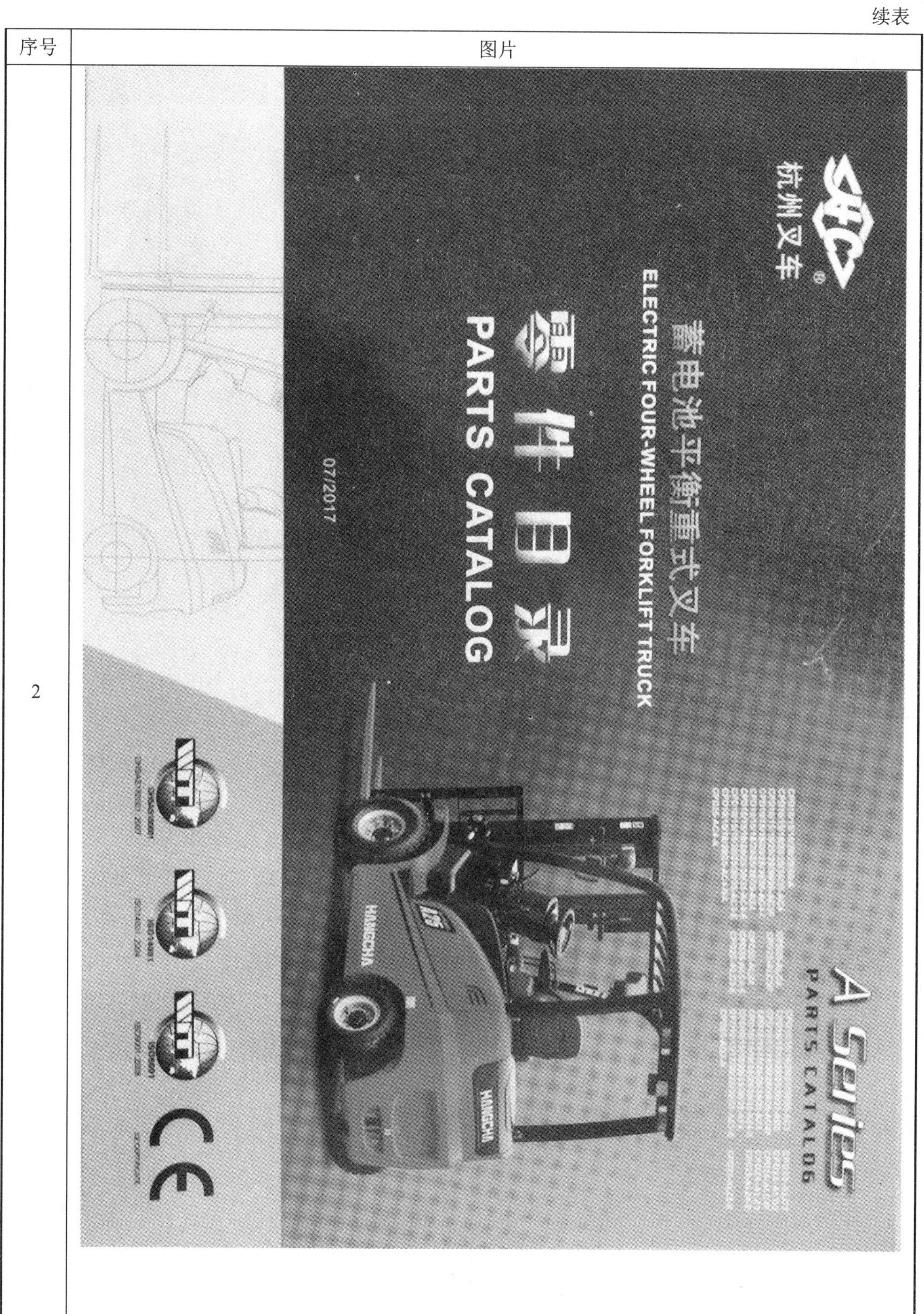杭州叉车 蓄电池平衡重式叉车 ELECTRIC FOUR-WHEEL FORKLIFT TRUCK 零件目录 PARTS CATALOG 07/2017 A Series PARTS CATALOG HANGCHA ISO9001 ISO14001 OHSAS18001

续表

序号	图片
3	杭州叉车 1t-1.8t J系列四支点蓄电池平衡重式叉车 1.0t-1.8t J Series Electric Four-wheel Forklift Truck 1t-1.8t A系列四支点蓄电池平衡重式叉车 1.0t-1.8t A Series Electric Four-wheel Forklift Truck 1t-1.8t防爆蓄电池平衡重式叉车 1.0t-1.8t Explosion-Proof Battery Forklift Truck 门架零件目录 MAST PARTS CATALOG 07/2015 ISO14001 ISO14001:2004 ISO9001 ISO9001:2008 CE CERTIFICATE

续表

序号	图片
4	杭州叉车 A Series SERVICE MANUAL CPD10/15/18/20/25/30-A CPD10/15/18/20/25/30/35-AC3 CPD25-ALC3 CPD10/15/18/20/25/30/35-AC3F CPD25-ALC3F CPD10/15/18/20/25/30/35-AC4 CPD25-ALC4 CPD10/15/18/20/25/30/35-AC4F CPD25-ALC4F CPD10/15/18/20/25/30/35-AD2 CPD25-ALD2 CPD10/15/18/20/25/30/35-AZ3 CPD25-ALZ3 CPD10/15/18/20/25/30/35-AZ4 CPD25-ALZ4 CPD10/15/18/20/25/30/35-AC4-I CPD25-AD2-A CPD10/15/18/20/25/30/35-AF4 CPD25-AC4-A CPD10/15/18/20/25/30/35-AC3-E CPD25-ALC3-E CPD10/15/18/20/25/30/35-AC4-E CPD25-ALC4-E CPD10/15/18/20/25/30/35-AZ3-E CPD25-ALZ3-E CPD10/15/18/20/25/30/35-AZ4-E CPD25-ALZ4-E CPD10/15/18/20/25-AC4-NA CPD40/45/50-AZ4 CPD40/45/50-AC4 1.0t-5.0t 蓄电池平衡重式叉车 维 修 手 册 HANGCHA 2017年7月

续表

<table>
<tr><th>序号</th><th>图片</th></tr>
<tr><td>5</td><td>
内燃平衡重式叉车
三支点电叉、四支点电叉
前移式电叉、电动托盘堆高车
侧面叉车、10t 以上大吨位内燃平衡重式叉车、正面吊
叉车补充说明书
（制动系统原理）
符合 TSG N0001-2017 《场（厂）内专用机动车辆安全技术监察规程》
杭叉集团股份有限公司
2017 年 5 月</td></tr>
</table>

续表

序号	图片
6	 **牵引用铅酸蓄电池使用及维护说明** 尊敬的用户： 感谢使用“火炬”牌牵引用铅酸蓄电池。为了更好的使用和维护本产品，请仔细阅读本说明，以确保安全和正确使用及维护蓄电池。 **电池主要性能** 牵引用铅酸蓄电池现已形成了普通型、防爆型，符合 BS 标准、DIN 标准、GB 标准两大形式三大系列多种规格的产品，单体电池电压为 2V，电池额定容量为 5 小时率放电容量（C_5），单位为 Ah，放电电流 I_5 为 $C_5/5$（A）。电解液液面高度应位于最低液面与最高液面之间。 **电池操作安全及注意事项** ● 充电机的输出电压、电流及适用范围必须与电池电压、容量相匹配，否则会严重影响电池的容量及寿命。 ● 电池充电时，会产生易燃易爆气体，充电时请务必打开蓄电池组的箱盖，确保电池上无遮盖物，同时也务必打开每个单体电池的注液盖，保持良好的通风环境，充电区域严禁烟火。 ● 电池上不能放置导电物品，严禁任何杂质落入电池内部，以防电池短路。定期清洁电池盖表面，确保电池表面清洁、干燥。 ● 电解液具有腐蚀性，操作时必须穿戴护目镜、橡胶手套、胶鞋等防护用具。 ● 电池放电后应及时充足电，避免过充电、过放电，同时应避免长时间大电流放电，否则会影响电池寿命。长时间大电流放电还可能会使连接电缆过热、烧毁而引发事故。 ● 充电过程中，电解液温度不得超过 50℃，否则应设法降温。若温度仍不下降，则应减小充电电流或暂停充电，待温度下降后，再继续充电。 ● 电池严禁缺液。经常检查并及时调整电解液液面高度使之符合规定（如图所示）。若液位偏低，须添加去离子水或蒸馏水。正常使用时禁止添加酸液！ 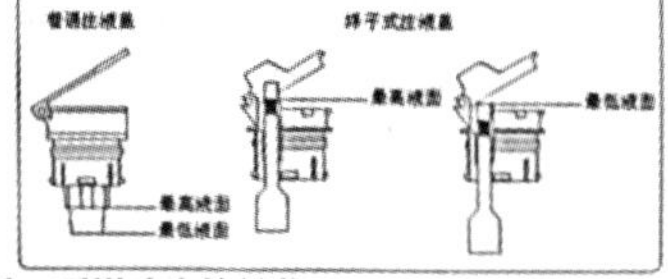 ● 使用 PE 隔板的电池，在使用过程中电池内可能出现油状物质，不影响电池性能。 ● 采用恒流充电正常使用的电池每两个月、采用智能充电的电池每一个月须对电池均衡充电一次。 ● 若电池长期放置不用，每月须进行补充充电一次。 **电池的使用维护说明** 1　**电池的启用** 干态蓄电池使用前需进行初充电，打开或取下注液盖，将配制好的电解液（1.265 ± 0.005）g/cm^3(30℃）注入电池内，静置（3～4）h 后，如电池温度低于 35℃时即可对电池进行初充电，若电池温度高于 35℃应设法降温。初充电分两个阶段进行：第一阶段：用 $0.1C_5$安电流，充电至电池的端电压普遍升到 2.40V；第二阶段：用 $0.05C_5$安电流充电至电解液剧烈冒升气泡，电压与密度稳定（2～3）h 不变，且充电量达到额定容量的 4 倍。电池充电结束之前，调节电池电解液密度及液面高度使其在规定范围内。 已充电蓄电池使用前需进行检查，电解液液面高度、密度应符合规定要求；单体电池间及电池与充电机间的连接应安全可靠、极性连接正确，否则可能损坏电池、车辆或充电机。

续表

<table>
<tr><th>序号</th><th>图片</th></tr>
<tr><td>7</td><td>
表2. 随车工具箱
Table2 Attached Tools
<table>
<tr><th>序号
Item</th><th>名 称
Description</th><th>规 格
Specification</th><th>数量
Qty</th><th>备 注
Remarks</th></tr>
<tr><td>1</td><td>轮胎气压表
Tyre pressure meter</td><td></td><td>1</td><td rowspan="2">仅充气轮胎配
Only need in pneumatic tyre</td></tr>
<tr><td>2</td><td>轮胎气门调整扳手
Tyre valve adjusting spanner</td><td></td><td>1</td></tr>
<tr><td>3</td><td rowspan="2">套筒接杆
Bar</td><td>L=230</td><td>1</td><td>仅单轮
Only for single wheel</td></tr>
<tr><td>4</td><td>L=330</td><td>1</td><td>仅双轮
Only for dual wheel</td></tr>
<tr><td>5</td><td rowspan="3">套筒
Socket spanner</td><td>S=21</td><td>1</td><td>后轮螺母
For rear wheel nut</td></tr>
<tr><td>6</td><td>S=22L</td><td>1</td><td>前轮螺母
For front wheel nut</td></tr>
<tr><td>7</td><td>S=36</td><td>1</td><td>平衡重螺栓
For counterweight bolt</td></tr>
<tr><td>8</td><td>F型扳手
F shape spanner</td><td>d=76</td><td>1</td><td>驱动桥轮壳锁紧螺母
For drive axle Lock nut</td></tr>
<tr><td>9</td><td>轮胎撬棒
Tommy bar</td><td>ϕ19×565</td><td>1</td><td></td></tr>
<tr><td>10</td><td rowspan="6">双头扳手
Open-ended spanner</td><td>5.5×7</td><td>1</td><td></td></tr>
<tr><td>11</td><td>8×10</td><td>1</td><td></td></tr>
<tr><td>12</td><td>11×13</td><td>1</td><td></td></tr>
<tr><td>13</td><td>16×18</td><td>1</td><td></td></tr>
<tr><td>14</td><td>21×24</td><td>1</td><td></td></tr>
<tr><td>15</td><td>27×30</td><td>1</td><td></td></tr>
<tr><td>16</td><td rowspan="2">钩形扳手
Hook spanner</td><td>55-62</td><td>1</td><td>提升缸用
For lifting cylinder</td></tr>
<tr><td>17</td><td>78-85</td><td>1</td><td>全自由缸用
For free lifting cylinder</td></tr>
<tr><td>18</td><td>内卡簧钳
Inner snap ring pliers</td><td></td><td>1</td><td></td></tr>
<tr><td>19</td><td>外卡簧钳
Outer snap ring pliers</td><td></td><td>1</td><td></td></tr>
</table>
注：
1.随车工具系本车专用和外购较困难的部分通用工具，本车所需的其它通用工具，请参看叉车使用说明书，由用户自备。
2.用户如需要多路阀、转向器备件，可由销售部代为订购。
Notes:
1. Only special tools for this forklift truck or some usual tools which are hard to buy in this box. The other tools refer to Operation Manual, please purchase by yourself.
2. If you need control valve, steering gear such etc. spare parts, please contact to Sales Departments.
</td></tr>
</table>

二、内燃式平衡重式叉车工具书

见下表。

序号	图片
1	

续表

序号	图片
2	 杭州叉车 2.0t-3.8t A系列内燃平衡重式叉车 2.0t-3.8t A Series Internal Combustion Counterbalanced Forklift Truck 零件目录 PARTS CATALOG 04/2016 A Series PARTS CATALOG ISO14001 ISO9001 CE CERTIFICATE

续表

序号	图片
3	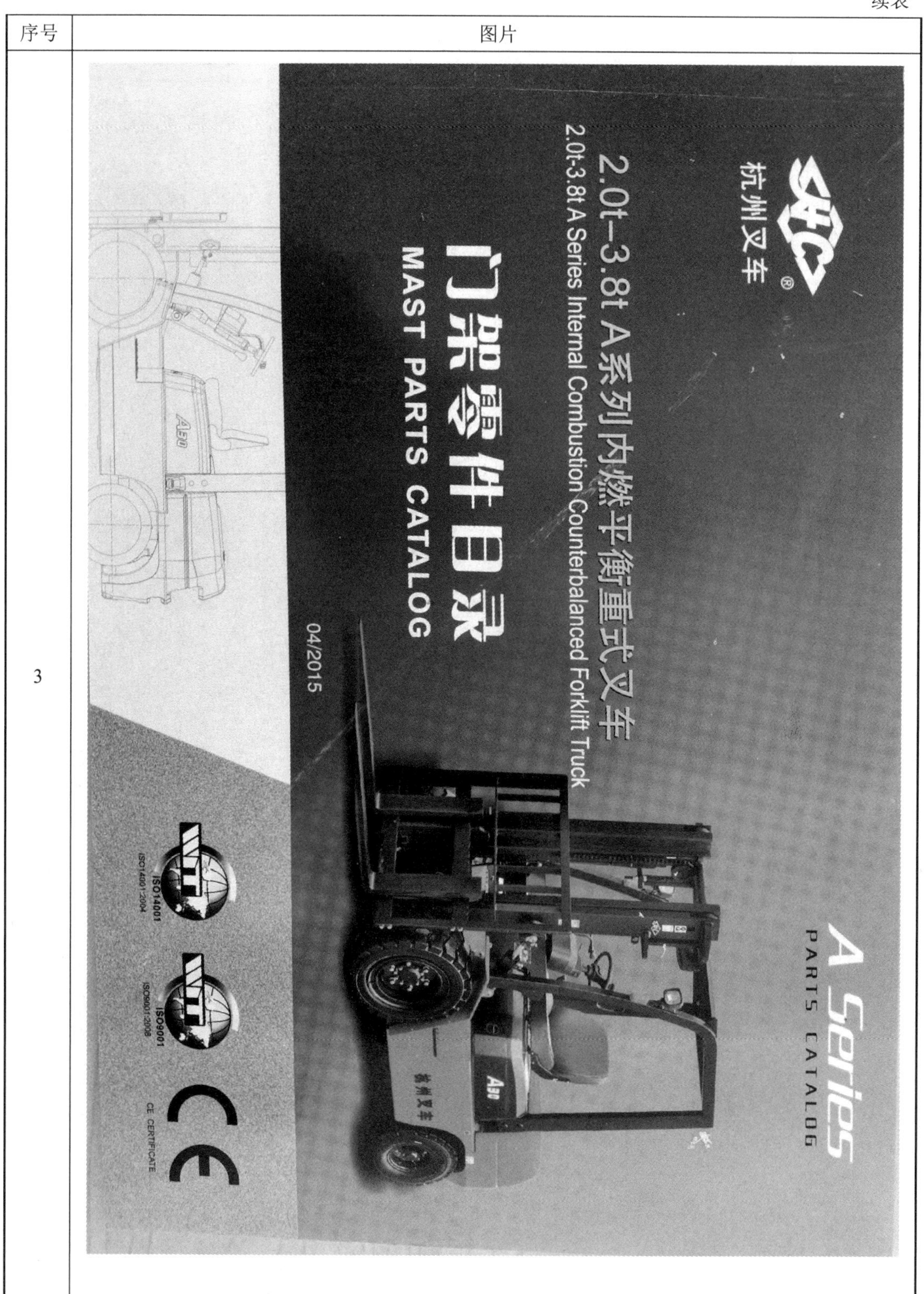杭州叉车 2.0t-3.8t A系列内燃平衡重式叉车 2.0t-3.8t A Series Internal Combustion Counterbalanced Forklift Truck 门架零件目录 MAST PARTS CATALOG 04/2015 A Series PARTS CATALOG ISO14001 ISO9001 CE CERTIFICATE

续表

序号	图片
4	

续表

序号	图片
5	SHC® 内燃平衡重式叉车 三支点电叉、四支点电叉 前移式电叉、电动托盘堆高车 侧面叉车、10t 以上大吨位内燃平衡重式叉车、正面吊 叉车补充说明书 **（制动系统原理）** 符合 TSG N0001-2017 《场（厂）内专用机动车辆安全技术监察规程》 杭叉集团股份有限公司 2017 年 5 月

参考文献

[1] 李木杰．技工院校一体化课程体系构建与实施[M]．北京：中国劳动社会保障出版社，2012.

[2] 张敏．照明线路安装与检修[M]．北京：中国劳动社会保障出版社，2012.

[3] 杨杰忠，潘协龙．机床电气线路安装与维修工作页[M]．北京：电子工业出版社，2016.

[4] 冯其河．叉车技术实训教程[M]．南京：东南大学出版社，2013.

[5] 于鸿彬．叉车操作实务[M]．北京：高等教育出版社，2014.

[6] 于鸿彬．叉车作业实训指导[M]．辽宁：辽宁科技出版社，2016.

[7] 刘清太，兰凤硕．叉车实训指导书[M]．北京：中国财富出版社，2015.